ONE-PIECE DAYS

恋上连衣裙

手绘365天的魅力搭配术

[日]井垣留美子 著
[日]佐藤步 绘
朱波 译

中青雄狮

中国青年出版社

前言

初次见面，大家好。天赐良缘，使我能有机会出版这本书。我曾经在一家时装网购公司担任过编辑，这家网站汇集了涩谷、原宿和代官山等地200余家人气时装店及时装品牌。

当时编辑的总体构思是"与时装杂志同步，通过撰写特辑向读者介绍畅销产品及流行动向"。我和同事们每天除了要对数量庞大的商品进行审查，还要独自做策划，决定款式搭配及商品定位。随着网站产品销量的不断增加，尽管有时也需要委托给外面的造型设计师，但基本上是先确定一个类似"为不同体形的人寻找不同的牛仔裤"或"向法国女演员学习-初夏的时尚讲座"等主题，然后确定预售商品及相应的策划方案，按照主题搭配相关款式后制成特辑。

网站中最有人气的款式就是连衣裙。春、夏、秋、冬四个季节由知名模特演绎的连衣裙搭配特辑的点击数很多，连衣裙的销量也不断攀升。

顺便介绍一下当时我所在的公司，女性职员占到了百分之九十五，大家每天都要辛勤工作到深夜才能回家。虽然几乎没有什么休息日，但在这里工作的职员们总是精神十足而且潇洒时尚。因为每个人都很关注能够体现个性的时尚风格，所以每天都会认真地对着镜子思考："明天我该穿什么衣服？该以什么样的形象去工作呢？"如果某人穿了一件可爱的连衣裙来上班，那一整天都会从周围传来诸如"这是哪家的品牌？""啊，真可爱！""很适合你！"之类的各种赞赏♪这足以让人干劲十足、精神愉快，做起工作来更加得心应手！那些思考个性时尚之路的点点滴滴，也正是揣摩自我风格的过程。

我认为所谓的个性时尚就是要真正了解自我，它不在于你的着装是否很昂贵或者是否融入了流行因素，而是要看你的个性是否被最完美地展示出来以及你是否享受这种个性化的时尚。除此之外，根据不同的时间、地点和场合，别人将如何看待你的着装，或者说想让别人如何看待你的着装，这一点是关键因素，加进去一同考虑是非常重要的。

我认为在所有的服装中，选择连衣裙对女人来说是绝顶好的主意，它能让女人感受到时尚是至高无上的快乐！我童年时喜欢穿的是一件和姐姐一模一样的棉布印花连衣裙，直到现在，每逢夏季来临，我都会想起它，想起每当我穿上它时的那股开心劲儿，至今记忆犹新。

记得在我二十几岁因失恋而消沉的那段日子里，正当自己极度消沉，迷茫地彷徨在大街上时，不知不觉就走进了一幢购物大楼。当我意识到自己所在位置的一刹那，"时尚开关"突然启动！我感觉自己需要一件让我打起精神、重整旗鼓的衣服，那天我买的是一件白色连衣裙。当我将手穿过连衣裙袖口的那一瞬间，我感到又变成了一个崭新的自己，这件连衣裙对我的帮助真的很大。每当我打开衣柜，把一件件带有特殊含义的衣服拿出来重新审视时，都觉得仿佛每一件裙子都凝聚了昔日的回忆。

如今，穿连衣裙时那种心动的感觉绝不亚于开始了一场新的恋爱，它是将你变得美丽动人的魔法石。就是这么一件衣服，它可以使你的每一天都能上演一幕如同奇迹般的神话。

本书采用Ayumi Sato女士绘制的可爱插图，汇集了很多如何享受连衣裙时尚乐趣的小提示。非常希望大家也能参考周围其他女性各种各样的穿法，在杂志上或去服装店里找到自己真正想要的那一件。一旦你遇到了适合自己且非常满意的那件连衣裙，那么奇迹般的一天一定会从那一时刻开始……

Let's enjoy!

CONTENTS

目录

chapter #03

30天搭配术

只要有8条裙子即可实现！30天连衣裙百搭术

chapter #04

连衣裙的小配饰 ～借鉴电影或书籍～

电影和书籍就如同圣经！服饰搭配的9堂讲座

chapter #05

时尚手册

对钟爱连衣裙的护理和简单的再创新

chapter 01

PRECIOUS
ONE-PIECE

宝贵的连衣裙

找到一件独特的连衣裙，
它能让你发现新的自我

#01

IMAGINATION 想象力

在你恋上连衣裙之前

品尝一杯精心煮好的奶茶时的那种幸福感，在做了充分护理后的肌肤上化妆时的那份喜悦感，将自己最心爱的连衣裙穿在身上时的那份心动，这是只有女人才能享受的"秘密花园"般的甜美世界。

请你打开你的衣柜，找出一件能使自己的心情变得不寻常的连衣裙。如果你把衣柜翻了个底朝天也没能找到那件特殊的连衣裙，那么就请你将本书耐心读到最后，在卷末你会看到附带的记事簿，可以尝试将你想象中的、认为适合自己的连衣裙绘制出来。当然，对那些本来就很喜欢连衣裙，并期待能够找到更适合自己且穿上后能使自己变得喜悦开心的那一件连衣裙的人来说，不妨也试一下。

在日常生活中，经常听到有人会说"我不知道自己喜欢什么样的风格，也不知道什么样的风格才适合我"。适合你的连衣裙是指这件裙子简直就像是为你定做的，无论是与你的肤色还是体形都能一拍即合，并能很好地表现你的个性，使你能释放出一种独特的魅力。要想找到这件特殊的连衣裙，首先必须客观地了解自己属于什么类型。一旦发现了连你自己也未曾在意的另一面，

你的时尚步伐就会加快很多，你就能确立使自己变得更加有魅力且适合自己的时尚风格。

连衣裙与提包、首饰等配饰不同，在购买时就考虑它是否能成为自己一直使用的贴身物品真的非常困难。当你看到喜欢的连衣裙的那一瞬间，你会将其拿到镜子前先比试一下，再试穿一下，然后会跟着心动的感觉将其买下来。然而，以后是否能将你倾心的这件连衣裙变成你的至爱，那就完全要看你自己了！试着利用连衣裙把你的魅力展现出来吧！我的开场白就先写到这里……在遇到使你心跳的那件连衣裙之前，让我们一起来看一下不同的体形都适合什么样的裙子吧。

Body check!
你的体形！

■ 此种体形的人最好不要穿

个子高的人	高于膝盖以上5厘米的超短裙
个子矮的人	长裙，这会让你的身材变得像水桶
瘦人	领口设计简单的裙子，它会让你看起来太单薄
胖人	领口周围有过多装饰的裙子
臀围较大的人	突出臀部的百褶裙
小腿较粗的人	长度到膝盖、带网眼纱裙摆的裙子
大腿较粗的人	曲线毕露的针织连衣裙
胳膊较粗的人	公主袖，会使你的粗胳膊更加突出

MY FAVORITE　我的最爱

我是个拥有什么爱好的女人？

一个人的风格可以从她的品位来判断。例如房间里摆设的小收藏品，即使这些小摆设的实用性远不如时装那么受重视，却代表了一个人的品位，是可以用来判断个人喜好的符号。家中至爱的小收藏品可能有很多，比如在古董店的一角发现的蕾丝蝴蝶结、在精品店买到的手提袋、来自巴黎的小礼物斯诺巨蛋、玫瑰色的唇膏等。把房间里所有的"我的喜好"都摆放在桌子上进行观察，可以更客观地了解自己的品位。

试着将摆放好的东西按"法国的别致""纽约的时髦简练""成熟的大女孩儿"等不同主题进行分类，你会有诸如"我竟然会喜欢古典的风格""蓝色的小收藏品这么多呀"等等意外的小发现。通过这样一种视觉展示，你会了解到一些平时自己根本没有意识到的兴趣爱好。这样做的好处就是帮助你明确地整理出自己真正喜欢的风格，会

产生比如"虽然自己的服装色调比较鲜艳，但房间中的小收藏品却意外地接近自然色"等感悟，从而使自己领悟到时尚与品位之间的差距。

乍一看，小收藏品与连衣裙之间并没有什么关联性，而实际上，你到底倾向于什么样的时尚和生活方式，通过这两项内容就能找到答案。你现在就可以开始明确地树立自己的形象，思考自己与理想中的女性形象之间的差距和什么是真正的自我风尚这些问题。

说到时尚搭配，其实将喜欢的东西凭直觉进行自由搭配也是不错的选择，但是"只图一时的心动"而搭配出来的服装，由于一味地使用一见钟情的"道具"，反而会给人一种不配套的感觉。为此，你需要恰当地了解自己身边所拥有的"道具"的品位与风格，通过"我是个拥有什么爱好的女人"这一主题来试着做一下自我分析。

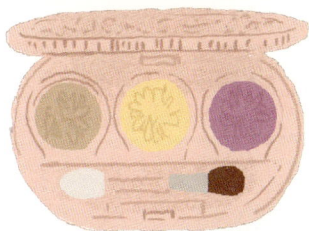

03
MASK　面具

用不同的面料打造不同的面具

与男性不同，女性喜欢很多种口味。大多数的女性喜欢细细地品尝甜食自助餐厅里五颜六色的小点心，看不同类型的时装杂志。就像女明星一样，每天都有不同的装束，这才是时尚的奥妙所在。此外，在具有自我风格的基础上使着装具备灵活性，也正是感性的体现。

与小收藏品一样，一边试着将连衣裙与手提包及首饰进行搭配，一边按照"工作装"、"假日约会装"等主题进行分类，将没怎么穿过的和不太适合自己的衣服立即分拣出来。"定期回顾自己的时尚"非常重要，就像在完成一项工作后要进行反思一样，时尚也需要定期地回顾，否则就会停留在"我最快乐的好时光"而不能前进。不用太过努力，但若想将具备自我风格的时尚永远握在手里，定期地进行更换甚至尝试一些冒险的搭配都是很有必要的。

对于那些不知道自己喜欢什么样风格的人来说，你肯定能在时装杂志上发现让你心动的搭配，或者可以收集你喜欢的女明星的画报。通过收集大量具体的形象，你可以明白自己到底喜欢什么，自己是"中性女人"还是"更有女人味儿的女人"，这样做就能对喜欢、讨厌的类型形成自己的判断。

在接受过我的时尚咨询的客户中有这么一位女士，她的家具大多是自然而且柔和的色调，却喜欢甜美的、带花边儿的服饰风格。然而在公司基本上只能穿职业套装，并且上班时她也想以"干练职业女性"的形象出现。作为参考，我向她建议了一款重视形体和面料、很朴素的职场连衣裙。虽然有一款柔和的雪纺绸连衣裙也很适合她，但是却不适合在职场穿。所以，我利用首饰和小装饰品来为她的职场连衣裙增添她所喜欢的那种柔和感。男性的西装几乎不分工作日和休息日，与之相反，女性在工作、休息以及其他的不同场合下，如果可以戴上不同的"时尚面具"，随时变换自我，会使自己干劲十足，从而更好地投入到工作中去。

这个"时尚面具"实际上可以通过选择连衣裙的面料来轻松地实现。无论是在办公室还是日常生活，或者是比较正式的场合，黑色或米色系的连衣裙永远是首选。如果是明快色调的话，可选择厚质的棉布料或缎子；黑色调则可以选择轻盈的丝绸或缎子等。你只要拥有了这些质地朴素的装备中的一件就足够了。再配上一些不同的小装饰品，马上就可以成就一件你自己精心打造的经典之作！反之，作为休闲服装的面料，针织品和百分之百化纤的面料由于价格便宜，可以在不同季节多买几件，既可以享受与流行同步的乐趣，又能有更多可以穿出去的机会。只要根据不同的场合选择面料，其他方面也就不会犹豫了。

"在公司的时候要整洁，而在赴约或朋友聚会时稍微正式一些，放假时就彻底换上休闲服。"只要使面料原有的品位得以充分地发挥，就会很自然地转变心情，你的一举一动也会随之改变。

工作时的面具，恋人的面具，母亲的面具……自己是拥有多张面具的女人，你可以先设定一下每种面具的形象，然后从不同形象、不同视点再来考虑服饰搭配，这样的话，你肯定会很享受提升女性形象的穿衣打扮方式。

check Point!

检查要点！

■ **现在就查一下你衣柜里的连衣裙！**

☐ 用标签将自己的风格进行分类。

☐ 挑出从2~3年前开始就没再穿过的连衣裙。

☐ 总在穿的连衣裙是哪几件？

☐ 用标签将手提包和首饰也进行分类。

☐ 思考一下你需要几张"时尚面具"。

#04

DIRECTION 定位

扮演一个想让别人看到的自己

很多人都有自己心目中"想被看作是这样一种人"的形象，如"想被看作是认真工作的那一种"或"想被看作既有女人味儿又很温柔的那一种"等。带着一种被别人看的意识而决定要穿的上班服装，如同发送一个"自我展示"的视觉信息。向对方展示"我就是这样一种女性"，这也是享受时尚的一种方式。

比如，时装杂志上频频出现的上身穿着两件套针织衫、下身穿着带花边儿超短裙的着装方式曾被视为在男性中最受欢迎的女性着装而大大流行了一段时间，其实这也是为了受欢迎而上演的一幕自我展示。

如果是在职场，在非常重要的资料演示的场合下，为了让你所讲的内容更具可信性，就不能穿一件豪华的连衣裙来突出自我，而应该选择夹克外衣以给人一种庄重的印象，同时这也能提高你的可信度。在同事的庆祝会或派对上，穿一件有光泽感的连衣裙，通过你的时尚来向对方表达祝福，也是一种非常好的关怀他人的方式。

我以前在时装网购公司当过编辑。虽然我很喜欢时装，但刚进公司那会儿，自己的服装搭配简直是乱七八糟，特别是星期五最差（笑）。周五晚上是跟朋友出去玩的最重要的日子，我有时下身穿着粗斜纹短裙，上身穿着露出肌肤的背心就去上班了。与其说是职业装，倒不如说心情已完全到了下班后，简直就是为了去玩儿穿的时装！

随着对工作慢慢熟悉，参加了各种各样的品牌展示会、时装杂志的模特摄影工作，忙碌的工作同时也变成了一种快乐，我开始思考符合自己年龄、符合时尚编辑这一职位的服装应该是怎样的。有生以来第一次察觉到自己的工作标签与自己的服饰之间的差距。

每天集中精力地工作时，穿着它就觉得心情非常好，周围的人也能欣然接纳自己的服装到底是什么样？从以自我为中心来挑选服装转变成考虑如何赢得周围人的信赖，并从专业的视角来对自己的服装进行挑选。这样一来，工作能更加集中精力，而且变得越发充实快乐了，同时对夜游逐渐失去了兴趣，休息日也只是做一些自我保健和护理，整个生活方式发生了巨大的变化。

这也是我通过工作对"自己喜欢什么样的时装？""自我风格是什么？"等一系列问题进行思考的时期。此时能够轻而易举地变身为现在的我，靠的只是一件连衣裙。从春夏季的雪纺或纯棉到秋冬季的粗花呢或纯羊毛，我通过面料来表现季节。早上上班前即使时间紧张，也可以瞬间穿好，只要再配上首饰就会立刻变得可爱、雅致……观察周围的人们，其实大家也是这样。属下也好，同事的客户们也罢，连衣裙都是她们最优先的选择，也是最爱的职业装。

符合所有职业女性的一个法则叫作"寄居法则"。只要你学会如何掌握好在公司的TPO（时

间、地点、场合）与自我表现的平衡，工作效率
会直线上升。时装造就人，更加时尚需要进行打
磨。思考如何让自己变得时尚的过程，也就是你
成长的过程。一旦你的时尚定了型，你的事业也
会有很大的提升，也可以把这说成是将登上新舞
台的良好时机。就像寄居蟹更换新窝似的，时装
也可以把外壳打破。在对工作和事业都进行新的
尝试后，你会发现自己作为成熟女人的魅力也随
之增长了不少。

#05

MY STYLE 我的风格

制定一套拥有自我风格的规则

　　了解自己的人，拥有个性风格的人，无论什么服装都能穿着合体，让其为己所用。楚楚动人、永不褪色的奥黛丽·赫本是千万女性心中的女神，简·柏金随意而合体的装扮与天真无邪的气质捕获了世间无数人的心。她们两人的共通之处，就是不被时代或周围的流行所牵引。

　　跟着流行改变自己的时装虽然很开心，也能很轻松地成为一位时尚女性，但是流行的时装就像夏季的恋情，寿命十分短暂。连衣裙流行的款式在设计和细节方面的特点会很突出，所以如果连续穿上两三年，就会给人以落伍的感觉。重要的是，给自己划定一条界线，哪些是可以跟着流行走的，哪些是自己永远喜欢、不会改变的。有了区别，就不会成为一个单纯的流行追随者。

　　如何成为一个有型的女人呢？简单来说，就是要定好几条拥有"自我风格"的规则，这样才能突出自己的个性。在制定规则时，不可或缺的是裙摆的形状，裙摆的形状不同，给人的印象便不同：随风摇摆的下垂A字裙更有女人味；百褶裙让人看上去更淑女；挂在胯上的半开喇叭裙像米兰女性一样给人奢华、性感的印象……因此，要确定自己的风格，首先要决定的就是裙摆的形状。比如我因为个子很小，又长了一张娃娃脸，为了把这些特征转化为有利的特点，我的连衣裙下摆肯定会选择喇叭形的。一字裙那种性感的裙子并不适合我，所以我从来不打算挑战一字裙。只要先决定了裙摆的形状，即使是不同的面料和设计，对于是否适合自己也能立刻做出判断。购买裙子的时候在自己的基础裙摆上，考虑是否要加入流行元素，或者是否打算挑战一下其他样式的裙摆。多试穿几次看看感觉，就不会发生"买是买了，但放在衣柜里从没穿过"这种购物失败的情况了。

要体现出着装品位，还有很重要的一点是服装要合身。《VOGUE》杂志美国版的总编安娜·温图尔总是一头直短发搭配贴身并且女人味十足的时装，紧贴身体线条的瘦身版西装或连衣裙让她显得知性而高雅，无论穿什么，众人都能识别出她的符号。以时尚符号著称的日本艺人YOU，算是女人味十足的连衣裙达人，很受成年女性追捧。她会时不时地将裙子的下摆裁剪出花样，但都是最合身的形状。

现实中，大部分女性都希望遮住自己凸出的腹部和胖胖的大腿，因此总是不由自主地选择不太突出曲线的衣服，弄得看不出腰部曲线在哪里，或是像十几岁的女孩子一样穿着便服上街，严重脱离了成年女性应有的优雅穿着王道。而且越是穿着舒适随便，身心越会过于放松，导致身体的外形和心理都逐渐离女人味越来越远。

所谓自我风格，就是要在规定一两条自己的规则的基础上选择合身且舒适的服装，这样才能成就"有型"。

#06

HAIR STYLE 我的发型

发型带来细微变化

虽然心里很想让连衣裙百搭变换，但现实中总是同一种搭配重复出现，有这种体会的人不在少数。因为只有一件嘛，想要产生变化的确不容易，想要营造不同的形象就更加困难。当然了，我们可以在连衣裙外边穿一件开衫或套一件毛衣，以此加入一些变化，但是既然叫连衣裙，就应该只以这一种款式为中心最大限度地表现出它的设计风格和轮廓。

这时候我们要学会利用发型，因为即使是同一件常穿的连衣裙，发型的变化也能赋予新的形象。有时候自己感觉有点"过分"的发型反而会为连衣裙锦上添花，让人意外地感到得体。

我对长发或波波发型的女孩子的建议是，选择头顶加高的"夜总会发卷风格"的发型，这会让你看起来更高贵，增加优雅的感觉，让常穿的连衣裙提高一个档次。这种发型特别适合搭配夏天质地较薄的亚麻或雪纺弹力丝类的布料。松松盘上的发卷就像是连衣裙的亮点装饰，两者十分和谐。夏季时，大部分的好莱坞女明星都采用这种方式，或将头发编成小辫盘上，或在头的两侧卷起两个大发卷，这种增高发顶的做法和将头发盘上的做法与低调的丝绸连衣裙或有光泽的连衣裙十分搭调。

这时还需要注意的是化妆。因为不是去参加电影中的那种派对，化妆一定要低调。发型特别豪华的时候，化妆一定要自然。如果想特别突出口红作为今天的亮点，或是想画两条浓浓的眼线，那最好采用自然的发型加以搭配，要让自己

Party Style

派对装束

的打扮浓淡相宜，有高调也有低调，不要让每一个部分都突出，这样看上去才会显得得体。艺人YOU的连衣裙穿着之所以让人感到自然，是因为她总是以蓬松的发型搭配，不让人看上去全身都像被精心修饰过的样子。正是这一点不完美，才让人感到舒服自然，就像画面的留白效果一样。大家可以参照一下明星碧姬·芭铎那种垂下缕缕发丝、细节感十足的发型，那种略显倦怠的装束恰恰展示了女性柔软感性的魅力，极有味道。

　　短发的女性可以参考珍·茜宝以男孩子气的发型搭配裸色连衣裙并露出肌肤的方式。她的短发搭配连衣裙的方式很漂亮，将头发贴在头上固定可以让礼服般的连衣裙看上去显得中性；发型蓬松吹开又可以凸显女人味；如果打上硬质的发胶或发蜡，用手随意揉抓从发际线竖起的短发，又能变成好像烫过发般有空气感的发型，真的很值得推荐。

　　不太会变化发型或早上没有时间打理头发的女性可以采用发饰或耳环、耳坠等首饰稍微装饰一下脸部周围。时尚摄影中拍摄连衣裙时通常都会把视线放在人的上半身，这样拍出来的平衡感较好，让人感觉摄影师手下的模特穿着很贴身舒适。现在白金首饰的价格比较合适，款式也很多样，选择一个今年流行的颜色或款式装饰上半身，肯定能重新找到让人心动的感觉。

Ennui Style

倦怠装束

*07

DECOLLETE LINE 颈线

让魅力颈线变成自己的资本

强调女性身材特点的连衣裙，就像面纱一样，将女性与生俱来的性感轻柔包起。随着岁月痕迹的增加，不少人会觉得"都这把年纪了还提什么性感"。其实有时候我也有些退缩，但此时更该抛弃畏缩，适当裸露脖颈周围的肌肤，让人看到美丽的锁骨，可以让整体的均衡感更好，时尚感更强。千万不要觉得"不好意思"或者"还是不要露肉了"，如何裸露这15厘米的颈线，会成为成就女人线条美以及造型美的关键。

从柔顺丝滑的丝绸或雪纺弹力丝质地的连衣裙中，透出柔和的臂膀及修长的脖颈，可以强调女性温柔的一面，V字领这种设计会让脖颈显得更加修长。值得注意的是，领口越是没有装饰，修长的线条就越被突出，可以让脸部周围显得纤细而美丽。脖颈周围是经常被关注的部分，如果挑选连衣裙时能考虑到这部分的设计，可以让你的连衣裙装扮更有品位。

选择最佳颈线的要点在于与上半身之间的协调感。胸部以及上半身体积较大的女性，如果选择花边等在胸口增加装饰的设计，或者穿着花样较大的裙子，会让上半身显得更加丰满，看上去没有品位，选择时一定要注意。肩膀较宽的女性，如果选择强调肩膀或颈线的抹胸连衣裙，肩膀和胸部会被突出，看上去不太协调，最好避免。对这两种身材的女性，更推荐细吊带的连衣裙或颈线裁剪得较深的连衣裙。细吊带可以让肩膀显得细巧，保持颈部优美的线条，很容易穿出去，而V字领也可以让颈线显得修长。

上半身体积或胸部较小的女性，则可以选择颈线部分有装饰的设计或在胸部带有花边的U字领或船形领，更能强调锁骨的美感，单肩吊带这种看似难以穿出品位的设计也可以从容应对。质地方面推荐选择羊毛、马海毛的高领套头样式，或者短款的毛织裙等蓬松有体积感的裙子。

check the neck line

检查一下你的领线

V-neck
V字领

V字裁剪得越深则越显时髦和性感，可以凸显颈线的长度，给人以精明、干练的印象

U-neck
U字领

大开口的曲线突出了女人味。需要表现柔和感时，选择U字领效果突出

Boat-neck
船形领

如果是摇粒绒质地，船形领会显得比较休闲；如果是丝绸类有光泽的料子，则会成为低调的服装样式，这种领子的形状非常好搭配

*08

MAGIC COLOR 魔法色彩

彻底展示色彩的魅力

我最喜欢的绘本中，有一本叫《我的连衣裙》(插图与文章：西牧佳也子，小熊社出版)，书中描写了小白兔少女通过穿着各种有星星、花草等自然图案的连衣裙，展现自己不断变化的心情和周围变化的风景。连衣裙的颜色、图案带动了心情，小白兔少女的样子看上去也有着鲜明的变化，这个童话故事非常恰当地表现了女性特有的、富于变化的心境以及热爱打扮的心理。

实际上，穿上连衣裙，对着镜子一照，有时候真的能让自己眼前一亮，心情突然变得开朗。如果图案极具冲击力，给人的印象也会很深刻。选择裙子的颜色是很重要的，白色连衣裙可以塑造清纯高雅的形象，但也会凸显成年女性发暗的肌肤或疲惫感。从某种意义上来说，平日要不断呵护自己，且在很有精神的日子里才能穿出白色的美丽。永远穿着一身白色连衣裙，穿衣人的美丽永不褪色，恐怕要算是连衣裙美女中的女神啦。

黑色则恰恰相反，被称为连衣裙王道颜色的黑色，是反映穿衣人的品位和强烈主张的经典颜色。从设计到质地都适合自己的黑色连衣裙，无论是在工作时还是休闲时都会起到很大的作用。手中有一件裁剪和质地都很好的黑色连衣裙会让人感到安心，这是随时可以让女性找回自信的必备单品。

添加喜剧感或豪华感的颜色是红色或紫色，这两种颜色对于早已习惯穿着米色、黑色、白色的人来说可能会敬而远之。但是，选取有光泽感的化纤面料，便可以增加亮点和潇洒感；而亚麻及丝绸类面料的深红或深紫服装，不会显得过于甜美、过于夸张，反而会突出自我风格。只要记住对这两种颜色的使用方式，它们也能成为你衣橱中为你助力的闺蜜。

有些女性一眼看去就让人觉得"潇洒有品"，其中的秘密基本都在颜色的组合上。如果对颜色的选择很擅长，就掌握了打扮有品的魔法。其中最简单的色彩选择方式，就是采用与肌肤同色系的沙土色、米粉色、淡棕色等同样的米色系的搭配法则。春夏季可以选择自然的水洗棉连衣裙，

凉鞋可以选择柔和甜美的米粉色；秋冬季可以选
择厚重的丝绸质地的奶白色连衣裙，背面采用略
带灰色的米色天鹅绒，裙子的每个部分都稍带些
明暗区别，就能使色调看上去和谐统一，与穿衣
人浑然一体。惟一需要注意的是，颜色越是接近
自然，越能让服装质地显得轻柔，很可能给人以
过于轻柔的印象。成熟的打扮应该适当地加入些
黑色或深色，以压住过于轻柔的颜色，来提高品
位。不用考虑加入过多的颜色，光是在米色系中
加入一点用于收紧全身的深色，就可以装扮得和
谐得体。

此外，过渡细腻的浅色系列也能为装扮提高
档次。无论是神秘的紫色、清爽的豆绿色，还是
柠檬黄，选择1~2种基础色彩，然后加入灰色调
和。用加入灰色的比例形成浅色的渐变来统一色
彩，可以让服装看上去更新潮、更得体。

各位如果想让色彩在服饰中施展魔法，请快
点找到自己的"Happy Color"吧。

BEST LENGTH 最佳长度

裙长要恰到好处

裙长是比追求颈线美或色彩图案搭配更重要的元素。一般市面上销售的连衣裙是按照标准的女性身高和尺寸，或者是按照各个品牌的核心客户群的体形制作的，所以成衣的某个部分不一定合身，穿在身上感觉不服贴的情况会很多。"这条裙子的肩膀刚刚好，袖长正合适"，即使第一眼看上去合适的裙子，也会出现裙长比较微妙的情况，不是长了点，就是短了点。要买到一条所有的尺寸都和自己十分吻合的完美连衣裙，感觉就像中彩票一样。所以不少人会想"算了，长短就这样吧"，结果就买了下来。然而，从这一天起，悲剧就发生了。

如果裙长比恰好的长度要长，无论你自己认为这是一条多么让你心动的裙子，在别人看来也是"比实际年龄老5岁""超凡脱俗程度减5分"，而且与你个人穿衣的吻合度再"减3分"，简直就是悲剧式的比例。要想穿出正装感觉或强调优雅质感，裹身裙或喇叭裙的长度必须是刚好盖住膝盖，不能比这再长。

而且，如果裙长比自己的最佳裙长线稍微长一点，看上去总是让人感觉风格保守，不是我们追求的那种强调女人味又穿着时尚合体的境界，而变成了"算了，就到这个程度就好了"。而一旦在穿衣方面开始妥协，那么很容易养成坏习惯，在很多事情上也就变成了永远是"算了，凑合了"的女人。

相反如果裙长过短，即使本人觉得仔细考虑过TPO和自己的风格，在别人看来也会显得"多装了3分嫩""超凡脱俗程度减5分"，除此以外还有不时担心内裤会曝光的危险系数"加5分"，这个比例同样很不协调。成熟女性日常穿着的连衣裙最短也应该在膝盖向上3～5厘米以内，如果比这个还要短，可以选择在度假等比较开放的场合穿着。此外，无论裙长在膝盖以上还是以下，要提高时尚度就应该搭配7厘米以上的高跟鞋。它可以让大腿显得更细，或让腿部整体的线条看上去更完美，将腿部调整成看上去合适的长度，这在某种程度上可以消除一些穿衣方面的土气感。

只需要看场电影的钱，就可以请人修改裙子的长度，建议大家不要嫌麻烦，还是去将裙子改成自己合适的长度。考虑到稍经修改就可以增加不少穿着的次数，最好还是多比试一下，找到最适合自己的裙长，然后把裙子一件一件修改好。

如果嫌自己的大腿太粗，或对自己的腿形没信心，可尝试用过膝靴或长靴来掩饰，这两种靴子都是可以让腿形看上去更漂亮的魔法道具。

只不过调整1厘米或2厘米的裙长，无论给别人的印象还是自己的心情都会有很大的改变，所以一定要多锻炼自己，找到整体的平衡感觉，掌握找到自己最合适的裙长的规律。

*10

LADY LIKE 女人味

保持淑女风格的特别服装

通过以上几节内容的学习，你是否找到自己喜欢的时装或连衣裙的样式了呢？首先要了解自己的喜好，准备一杯茶、一份甜点，一边享用茶点一边利用本书最后一页试着将其写下来。连衣裙的质地、裙摆的造型、贴身感觉、颈线设计、色彩、裙长、与鞋子的搭配……这7个项目都能符合自己要求的连衣裙，一定会展现你的女人味，成为你的好帮手，成为增加你的印象分的决定性服饰。

当你早晨一觉醒来，打开窗户呼吸了一下新鲜空气，想着今天要穿哪一件连衣裙，于是顺手打开衣柜的时候，就进入了专属于你的一段特别的时间。水洗棉布的连衣裙可以展现出最自然的你；柔软滑顺的丝绸连衣裙，会给你增添一份自己都不曾注意到的优雅女人味。

一件连衣裙可以改变明天的你，改变未来的你，能给你比去一趟获得能量的休养地更大的帮助。坚强、美丽、柔中带刚……你完全可以用几件喜爱的连衣裙来表现你想要抒发的个性！

Check Point!
检查要点！

■ 我想要展示一个怎样的自己？

- ☐ 适合搭配连衣裙的发型是什么？
- ☐ 什么样的妆容？
- ☐ 什么样的鞋？
- ☐ 什么样的包包？
- ☐ 什么样的首饰？
- ☐ 什么样的美甲？
- ☐ 哪种香水？

Final Check!
终极检查

■ 最后的综合检查

- ☐ 适合我的连衣裙的质地是什么？
- ☐ 造型和舒适感是否正好？
- ☐ 颈线、领线呢？
- ☐ 选择的颜色只是自己喜欢的颜色还是适合自己的颜色？
- ☐ 背影看上去是否也很好？
- ☐ 腰部、胸部、肩线是否合适？
- ☐ 裙长与鞋子之间的搭配是否合适？

DIET DIARY 减肥日记 vol.1

~与命中注定的连衣裙相遇~

那是某个夏季即将结束的傍晚，我一边擦着额头不断冒出的汗水，感受着微微吹动的清风，一边畅饮着美味的啤酒。该减肥了，我终于下定了决心，敲开了某健身房的大门。自从离开了时装编辑部，不用每天去上班，人变得懒散很多，每天下午吃甜点，晚上喝完啤酒喝红酒，然后再喝啤酒……和那些中年男性上班族一样，每天晚上少不了喝上几杯，逐渐地，体重开始直线上升。

人一旦发现身上有赘肉的时候，通常已经在不知不觉中积累了很多脂肪了，曾有一段时间我感觉到以前穿着松松垮垮的牛仔裤的大腿部分变得紧绷绷的。有一天突然看到商店橱窗里自己的身影，真的吓了一跳！看到自己身形走形那么多，差点儿崩溃了！

减肥的最大动力，是因为遇到了一条命中注定的连衣裙！在我喜欢的商店里看到那件裙子时，大朵的花样图案甚是华丽，一下子就吸引了我的目光。胸部裁剪宽松舒适，显得胸形非常好看，U字形领口的线条是我最钟爱的那种，泡泡袖口的设计也非常可爱。遗憾的是，这个品牌的尺寸本来就是以小巧身材为标准设计的，了解这家品牌的人都清楚这一点，何况这一款式只剩下S号的。我试穿了一下，果然不出所料，后背的拉锁根本拉不上，之间差了7厘米，这个差距真的很令人绝望。按说看到这个试穿结果我应该放弃的，但是我就是非常想穿上这件一见钟情的连衣裙！我犹豫了，第一次去店里的时候没有购买，但是就是无法忘怀，第二次去店里还看，弟三次再去看的时候就一咬牙买了下来。

我下定决心要重新设计自己的身体，让自己的着装也焕然一新，这件连衣裙就给我提供了下定决心的契机。这件裙子是春夏季节穿的，要露出胳膊和大腿，身材显得极为关键。肌肤的颜色，光着的美腿，漂亮的颈线，这些外露的身体本身就是最好的装饰品。不瞒您说，我之所以打算要减肥，就是因为想要穿上这件命中注定的"我有我型的连衣裙"！

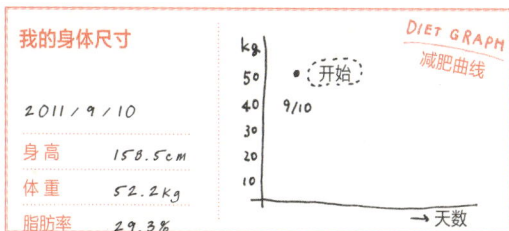

我的身体尺寸

DIET GRAPH 减肥曲线

2011 / 9 / 10	
身高	158.5cm
体重	52.2kg
脂肪率	29.3%

LOVE THIS ONE-PIECE

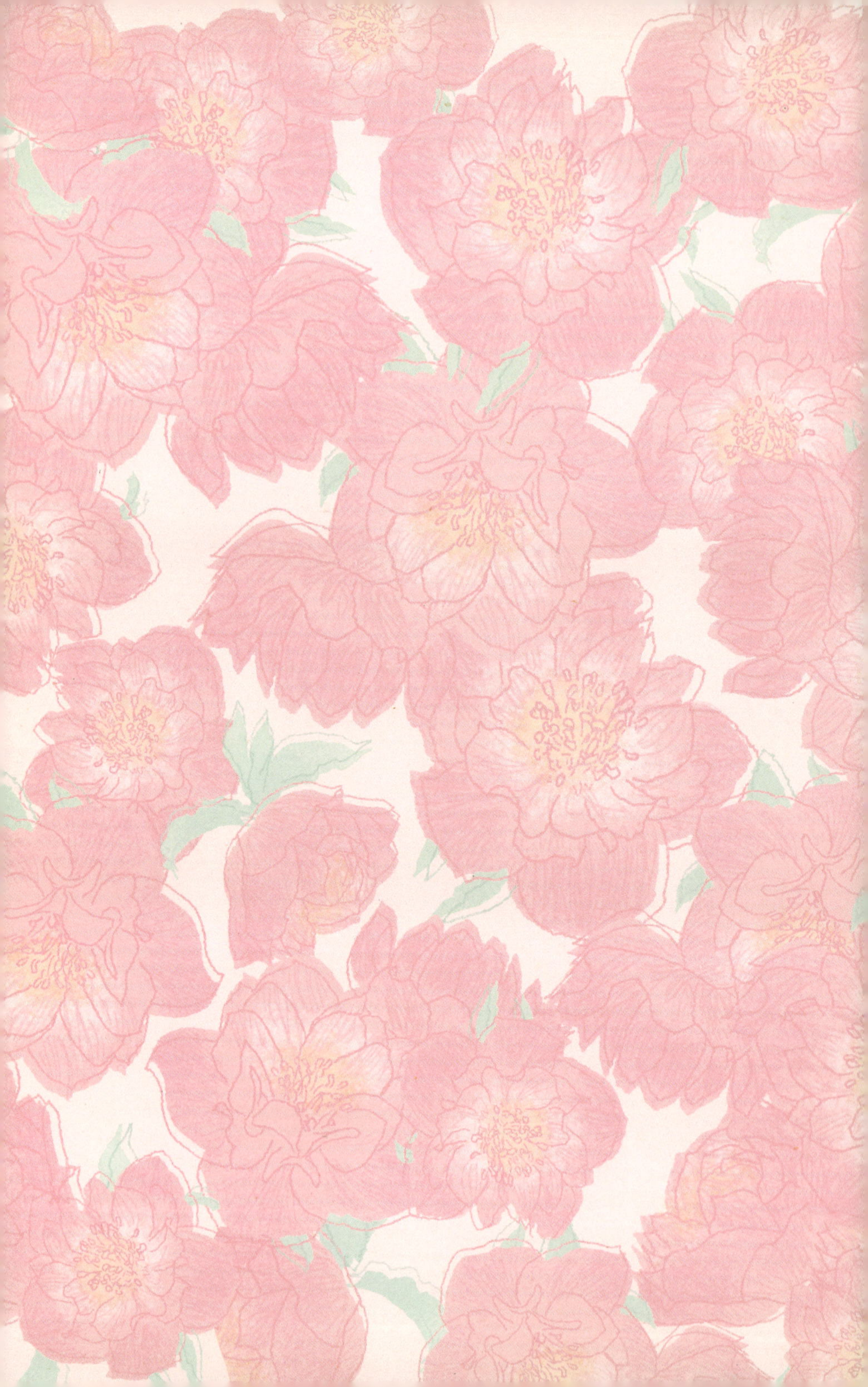

chapter 02

FASHION CHECK

时尚观察

大街上看到的、穿着讲究的

个性派风格

TOKYO

Part 01 大街上看到的、穿着讲究的个性派风格

观察东京女孩的时尚风格

东京街头就像一支万花镜，人们的时装每天都在不断变化。时尚女孩们的时装成了街上一道亮丽的风景线。让我们来看看这些打扮时髦的女孩子们的连衣裙装束吧！

Scene #01

银座 Ginza

走在老字号商店及国外高级服装店鳞次栉比的银座街道上，不知不觉就会挺直后背，对美产生强烈的意识。在这条街上，身穿传统样式的连衣裙更符合这里的氛围。

头花装饰

哪怕不做发型，这种大的绢纱头花也能让人显得非常可爱

" 选择华丽夺目的包包等小件配饰进行搭配，青春甜美的亮粉色也能变身为成熟女性的艳丽装扮 **"**

这位身着婴儿粉连衣裙的女性给人以温柔轻快的感觉。鞋子和发饰都用抢眼的宝石装饰，小件配饰显得非常统一，不仅华丽而且可爱，提高了连衣裙的档次

小档案

年龄：20多岁／喜欢的街道：银座／喜欢的颜色：粉色／拥有几件连衣裙？20件左右（差不多每天都穿连衣裙）

亮点

点缀着星星一样的宝石的平底鞋很是吸引眼球

Ginza

"经典的连衣裙一定要使用传统的小配件, 以增添高雅气质"

夏威夷首饰

一件以缅甸兰花为图样的金手镯, 让全身一下子变得高雅而豪华

这位楚楚动人的女性吸引了我的目光, 她全身是以美国传统的正统派装束来统一风格的。三种基本色块相连的连衣裙, 无论是约会还是上班都很适合, 属于"人人喜爱的连衣裙"

小档案

年龄: 20多岁 / 喜欢的街道: 银座 / 喜欢的颜色: 白色 / 拥有几件连衣裙? 20件左右

"简约风格的连衣裙能凸显身体优美的曲线, 给人以健康而性感的印象"

正因为裙子足够简约, 才让穿衣人更加突出。毛针织面料的无袖藏蓝色连衣裙, 衬托出这位女性透明洁白的肌肤, 在银座街上分外抢眼

小档案

年龄: 20多岁 / 喜欢的街道: 六本木、银座、新宿 / 喜欢的颜色: 紫色 / 拥有几件连衣裙? 30件

Scene #02
表参道
Omotesando

　　表参道聚集了东京街头最新的潮流时装。这条街上的时尚达人非常多，她们擅长在流行中加入一点代表自己风格的特殊品位。

"想要体现出成熟女性的
香味感，最重要的是使
着装符合自己的审美观"

清爽的优质棉蕾丝连衣裙，套头的样式方便舒适，其他的搭配衣物及小件配饰均以冷色调来进行统一，形成简约的成熟女性连衣裙风格。上身披一件蝙蝠袖毛织开衫，体现出适度的闲散感

小档案

年龄：40多岁／喜欢的街道：
新宿／喜欢的颜色：红色、
黑色／拥有几件连衣裙？40件
左右

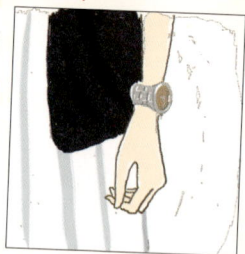

手表

大尺寸的男式手表在充满了女人味的服饰中形成一处中性的点缀

Omotesando

"公主连衣裙的华丽与蕾
丝衬衫的甜美是绝配"

首饰

下垂的长项链在上半身形
成纵向线条，使上半身显
得紧致纤巧

"这件度假风格的连衣
裙似乎预示着今天将
有一场浪漫的邂逅"

淡色长款连衣裙搭配一件100%蕾丝的衬衫，突出了
女性的特点。华丽而占了较大比重的项链成为这身
打扮的重点，不仅符合这位女性优雅的气质，更让
其他服饰之间形成了统一

白色肌肤、黑色长发、印花连衣裙吸引了人们的目
光。特意没有戴任何首饰，因而不会显得过于盛
装。这位女性正是因为非常了解适合自己的图案和
形状，才能掌握如此成功的搭配技巧

小档案

年龄：30多岁 / 喜欢的街道：涩谷 / 喜欢的颜色：
粉色、白色、黑色 / 拥有几件连衣裙？20~30件

小档案

年龄：20多岁 / 喜欢的街道：涩谷 / 喜欢的颜色：粉
色、白色、黑色、红色、蓝色 / 拥有几件连衣裙？
非常多

Scene #03

青山 Aoyama

青山这条街从20世纪60年代开始形成时装文化，至今一直引领着日本时装的潮流。这里有无数的画廊和小服装店，家家都是精品，刺激着爱美女性的购物欲。

" 个性突出的连衣裙搭配很淑女的鞋子，装扮得体高雅 "

扣带鞋

据说这双鞋是在进口商品店里购买的限量版，红色扣带极具时尚感

中性、军装味道强烈的长连衣裙，配上一双红色扣带的鞋子就展现出了淑女味，搭配非常完美。个性突出的连衣裙搭配一些女性化的小饰件，是值得成熟女性参考的装扮方式

小档案

年龄：20多岁/喜欢的街道：六本木、麻布十番/喜欢的颜色：珊瑚粉/拥有几件连衣裙？买的衣服基本上都是连衣裙

Aoyama

"设计感较强的连衣裙一定
要简单、性感地去穿**"**

后背设计

后背大开的椭圆形领口让
脖子看上去更长，颈线看
上去更漂亮

"像美剧中的女主角，打
扮单纯而可爱**"**

这条裙摆的裁剪需要大胆地露出美丽的腿线，裙子
质地柔顺贴身，是非常女性化的一款长连衣裙。晒
成小麦色的肌肤与金色的首饰更加突出了这位女性
的美丽

小档案

年龄：40多岁／喜欢的街道：六本木、青山、涩谷、
银座／喜欢的颜色：黑色／拥有几件连衣裙？20件
左右

手中拿着一杯外卖的咖啡，身着迷你连衣裙在青山
街头快步行走，与街景非常融洽。皮带和包包特意
选用经典传统的样式，整体色调以暖色系为主，是
时尚达人的搭配方法

小档案

年龄：20多岁／喜欢的街道：涩谷、表参道／喜欢的
颜色：粉色／拥有几件连衣裙？10件

Scene #04

自由之丘
Jiyugaoka

　　自由之丘由于其街道的清新脱俗，经常被列为希望入住地区的前几名，人气很旺。喜爱法式风格的大学生和年轻的妈妈经常来这里逛街，无论年龄大小，这里的女性都穿着时髦且品位很高。

" 淑女风的连衣裙与牛仔裤混搭，休闲舒适 "

印花

碎花布料显得简约清爽

　　这件碎花连衣裙的胸前有布包扣，腰间有抽绳，这些小细节都十分打动少女的心。薰衣草紫色与晒黑的皮肤也很搭调，这位女性在时装的品位方面属于达人级别

小档案

年龄：30多岁／喜欢的街道：自由之丘、二子多摩川／喜欢的颜色：米色、紫色、白色／拥有几件连衣裙？10件

Jiyugaoka

"设计简单的连衣裙，用个性风格的小饰件来搭配"

"短发搭配上鲜艳明亮的红色连衣裙，超有淑女风范"

首饰

打破了平凡衣着的项链，绳子与皮革包采用同样的材质，在不经意中形成统一

男孩子般的短发搭配深红的针织连衣裙，华美而可爱。柔软的白色围巾不会过于甜美，反而将脸部周围映照得清爽明亮

小档案

年龄：20多岁 / 喜欢的街道：自由之丘 / 喜欢的颜色：红色 / 拥有几件连衣裙？7件左右

一条简单的连衣裙搭配一件个性突出的首饰，成为成熟女性的连衣裙着装风格。首饰的鲜明个性与连衣裙的别致沉稳刚好搭调，在街上会展现出迷人风采

小档案

年龄：50多岁 / 喜欢的街道：自由之丘 / 喜欢的颜色：灰色、米色 / 拥有几件连衣裙？2~3件

Scene #05

代官山
Daikanyama

在精品店以及人气品牌店鳞次栉比的代官山，低调而不经意的装束更能吸引人的目光。这条街上的时尚女性们在服饰搭配上大都有自己的主张。

挎包

薰衣草色的挎包巧妙地点缀了衣服上的黑色与棕色，形成混搭

鹿皮西装上衣

穿用时间越长越合身的栗色西装上衣，让甜美的连衣裙装扮摇身变为中性风格

" 小黑裙用其他颜色的小配饰装点，可增添新意 "

闪光的缎子连衣裙与鹿皮上衣，质地完全不同的混搭反而增加了几分艳丽。样式简单的连衣裙也因选用了合适的小配饰，在少女的气质中平添一分英气，这种转换气质的混搭方式值得借鉴

小档案

年龄：30多岁 / 喜欢的街道：涩谷 / 喜欢的颜色：黑色 / 拥有几件连衣裙？12件

Daikanyama

最常见的横条连衣裙也可以通过搭配上衣来自由转变风格

手表

黄金与白金相间的手表具有硬朗的风格，增添了随意感

牛仔连衣裙的风格需要用小配件来突出，刚柔并济才最好

简单的横条连衣裙和裁剪随意的帽衫上衣的混搭样式，无论是上衣与裙子的长度，还是衣服的质地、条纹的宽度都刚刚好！通过选择一件合适的上衣，穿出了与连衣裙之间的美妙平衡感

小档案

年龄：20多岁 / 喜欢的街道：代官山 / 喜欢的颜色：粉色、自然色 / 拥有几件连衣裙？2~3件

牛仔连衣裙如果穿着不得体，很容易显得土气，事实上并不是很容易搭配的衣服。但是这位女孩选择的靴子和手表加入了少许硬朗的感觉，刚好适合她的个性，非常完美

小档案

年龄：20多岁 / 喜欢的街道：涩谷、新宿 / 喜欢的颜色：粉色、白色、米色、黑色 / 拥有几件连衣裙？10件

World

观察世界各国女孩的时尚风格

　　海外时尚女性的装扮能帮助我们增加时尚灵感，可以多看看写真集、博客、杂志等，参考当今最in的风格。

> **❝** 小麦肤色是与夏季太阳最搭配的首饰 **❞**

　　美得让人忘怀的美人鱼长裙，天蓝色的裙子与小麦肤色以及金色首饰是如此搭调。找到你最喜欢的一件连衣裙来伴随你的度假旅途吧

L.A. Resort Style

洛杉矶度假风格

风格
01

注重肌肤触感的海边连衣裙风格

毛圈布料的连衣裙或卫衫可以遮挡在夏季被晒黑的肌肤，这正是度假风格的装扮。让比基尼从服装中略露出一点点，全身就会充满性感而健康的气质

风格
02

**休闲的L.A.风格连衣裙也可使用小配件
点缀成优雅的装束**

宽檐帽子、长长的坠链，成就了奢华优雅的连衣裙风格。纯棉以及人造丝质地的休闲连衣裙，可以用大件的首饰来增加艳丽感

Scene #01

洛杉矶

Los Angeles

太阳和大海为背景，看上去有度假风格的连衣裙最适合洛杉矶。穿上一件纯棉或毛圈布料的柔软连衣裙去海边，要表现的就是这种松散休闲的感觉！

N.Y. Lady Style

纽约淑女风格

风格
01

> 纽约范儿一定要用一件
> 现代感设计的连衣裙配
> 上一双奢华的鞋子

穿着得体的范本，参照美剧中的女主人公

深夜蓝的连衣裙简洁而干净，如同美剧中的女主
人公一样得体，再配上裸露而摩登的凉鞋才是纽约
范儿

风格
02

藏蓝西服上衣+靴子的时尚范儿

紧身燕尾摆的小西服配上一双锐利风格的靴子，就
成为纽约时尚范儿。略带苦涩味道的淑女风格，也
能增加女人味儿

纽约
NEW YORK

有棱角的配饰更强调了连衣裙的个性，展现了纽约街头最in风格。时尚而浪漫的装束，是任何女性都会挑战的目标。融入纽约街头的俊俏少女风真是酷！

腰部以下换成截然不同的颜色，使一件小礼服式连衣裙显得松紧有度，仅仅一件就尽显豪华。这种连衣裙搭配的包包及饰件要尽量小，这样的装扮才是真正的纽约淑女风

66 用西装上衣装扮出
学院女郎风格 99

London Traditional Style
传统英伦范儿

Scene#03

伦敦
LONDON

　　凯特·摩丝、西耶娜·米勒等英国出生的女孩儿非常了解适合自己风格的搭配是什么。以传统风格为基础，低调的装束反而引人注目。

风格
01

体现古典风格的连衣裙装束

谈起伦敦的时尚，最具代表性的是加入了古典衣衫的混搭风。个性极强的复古印花连衣裙，用棕色的配件来统一风格。个性太强的连衣裙一定要搭配简约的小配件

风格
02

女性味儿十足的连衣裙搭配学院风的西装外套，腰部系扎的皮带使整体搭配不至于太过休闲，脚上的扣袢鞋简洁一些就好

搭配重量感的靴子打造穿着得体的休闲风格

衣着考究的连衣裙配上毛皮上衣成就甜美风格，再加入厚重感的靴子增加一点热辣的风格。完美中一定要加点儿随意感才是英伦范儿

Mirano Rich Style

米兰高档风格

风格
01

风格
02

搭配中性夹克更凸显连衣裙的线条

半透半露的雪纺连衣裙，搭配一件中性的、酷酷的
皮革夹克，连衣裙的质地与线条被强调出来，凸显
出成熟女性的性感魅力

质地高档的连衣裙展现高品位的装扮

羊绒开衫加上鸵鸟皮的提包，尽显高档品质。与此
相配的羊绒裙，一展米兰贵妇风范

Scene #04

米兰
MIRANO

　　一想到能展现成熟女性感官魅
力的连衣裙，首先浮现在眼前的就
是米兰时装。看似不经意的装扮，
事实上是经过仔细搭配的着装，从
头到脚地展现出魅力。

> **将大胆、有个性的连衣裙穿出品位，是更显魅力的方法**

大胆有冲击力的印花连衣裙，和项链、皮包、高跟鞋搭配出高雅情调是米兰风格的主要特征。略黑的小麦色肌肤更为这身装扮增加了健康与华丽的感觉

巴黎
PARIS

　　巴黎风格的关键词是妩媚、自由、风情万种、极其上镜。碧姬·芭铎与简·柏金是法国永远的时尚标杆！

❝小小女神风格的连衣裙搭配❞

像歌曲《God Girl》中所描述的20世纪60年代的时尚潮流那样，穿着迷你连衣裙，搭配彩色紧身裤或皮包，打扮成女神风格。松松的泡泡袖的甜美风格与精致的包包刚好搭调

Paris Romantic Style

巴黎浪漫风格

风格
01

少女的甜美外观搭配小配饰来展现轻快

纤细的图案与泡泡袖的可爱连衣裙是法国的经典服饰，搭配草帽和稻草编织包等小配饰，可以打扮得很淑女。与这类连衣裙最搭的就是当下流行的轻质感小配饰

风格
02

"法国风"的搭配关键在于色彩平衡

法国风的经典单品是条纹连衣裙，虽然很简单，搭配品位却要求很高。小配件的主题和颜色决定之后再调整整体的色彩平衡，是打扮得时髦的快捷之道

DIET DIARY 减肥日记 vol.2

~鼓励自己的人~

当今流行的减肥方式很多，有酵素减肥、耳穴减肥、美人鱼舞……但我希望让自己的身体彻底改变，所以虽然意志薄弱还是决定加入健身房。只要想到交过了钱，就舍不得不去，这种做法可能是最有效的。

就像人20岁、30岁、40岁的皮肤会有变化，身体也一样，30岁和20岁的身体是不一样的。基础代谢有所下降的30～40岁的人，至少每周应该运动3次，而且要有耐心坚持3个月以上，才会出现效果。要是现在的体重是经过了2－3年长起来的，要回到原来体重也许要花同样的时间。

第一次去健身房为我做检查的训练师稻叶女士（一位很值得信任的大姐姐）与我差不了几岁，见到我总是主动跟我打招呼，并为我提出合理的健身建议。

不少女性想当然地认为自己绝对瘦不下来，我觉得最好多想象一下自己瘦下来时的样子，或是目标体形的样子。积极主动地去想象也能离理想的体形更近一步。

想象穿着自己喜欢风格的舒适服装，或者说将连衣裙与减肥之间看作是身体内侧与外侧的时尚区别而已，减肥的心情就变得轻松许多。

"只是想瘦的话，少吃饭、跑步或做健美操这类的有氧运动就好了，但是这种方式的话代谢和肌肉也会减少，即使瘦下来也很容易反弹，只要回到原来的饮食量，很快就会反弹。要是想要身体不再反弹，必须提升基础代谢，也就是锻炼肌肉。对了，井垣，要是有值得推荐的提升基础代谢的课程，拿出来给她看看！"

这个课程就是我那个锻炼得浑身肌肉的哥哥最喜欢的，而我在所有运动中最讨厌的便是锻炼肌肉的课程……

MS. INABA

我的身体尺寸	
2011 / 12 / 15	
身高	158.5cm
体重	49.5kg
脂肪率	28.4%

稻叶教练的教诲
~减肥心得~

• 多量几次体重
• 女人不脱光根本看不出是否好看
• 能否不断坚持下去才是减肥王道
• 如果哪天什么运动都没做就在家运动
• 20岁与30岁的生活不一样，锻炼方式也随着年龄而变化

我那个浑身肌肉的哥哥教给我的在家里可以做的运动

即使不去健身房，没有时间运动的人，只要每周3次、每次做3套这些运动，再与食物减量同时进行，坚持3个月一定能出现喜人的效果！

让胳膊瘦下来，穿无袖衣服一定很好看

UP! DOWN!!

No.1 瘦胳膊的运动
REVERSE PUSH UP
〔反手撑椅〕

10次 × 3套

重点是：胳膊肘不要向外翻。从头部到臀部就像竹竿一样笔直，让胳膊做上下运动。

(POINT) 后背要挺直！

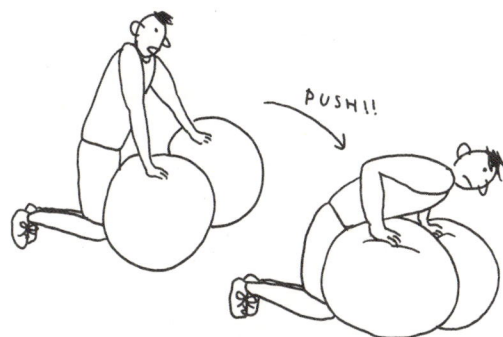

PUSH!!

减肥不减胸

No.2 提升胸部的运动
PUSH UP 〔软俯卧撑〕

10次 × 3套

可以用被子或坐垫团成圆球状，用手撑在上面做，因为手不是撑在地面上，而是在较软的地方，既不给身体增加负担又能出效果。

(POINT) 注意收腹！用力挺胸！

对小肚子和大腿内侧有效

No.3 对腹部和大腿有效的运动
TWIST 〔扭转身体〕

10次 × 3套

两脚并起，向左再向右，像车窗挡雨条那样运动，大腿间夹住一个小球会更有效。动得越快越起劲，越有效果。

(POINT) 以腰部为中心扭转，注意不要让肩膀抬起来！

TWIST!

TWIST!

chapter 03

30 DAYS
COORDINATE

30天搭配术

只要有8条裙子即可实现!

30天连衣裙百搭术

档案＆基础连衣裙
时尚女性的时装主角当然是连衣裙！

某服装企业的品牌形象总监，无论是自然风格、甜美风格还是少女风格都非常喜爱，每天的着装风格都不同。因为她本人从事服装行业，无论国产品还是进口品都能穿着得体，而用于搭配的鞋子、提包、手表则都偏好能长久使用的经典品，这就是她的打扮规则。她参考的装扮从海外名人的照片到时装杂志，范围十分广泛，今后的目标是成为"无论是一粒钻石还是一颗珍珠都能穿出品位的时尚达人"。

基础连衣裙

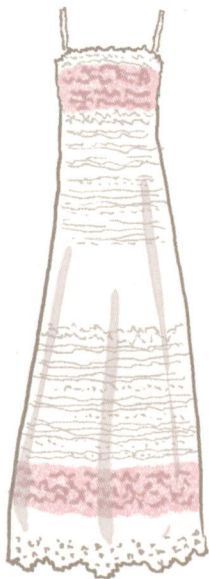

━━━ **基础连衣裙** ━━━

代表"自我风格"的A字下摆连衣裙，是四年前在精品店购买的。稍厚的纯棉质地，在正式场合穿的机会非常多

━━━ **长摆连衣裙** ━━━

可爱的蕾丝长裙是法国进口的服装。既有高品位又有女人味的精致的蕾丝是她的最爱

→ 雪纺连衣裙 →

因为喜欢V字领口敞开的
大小而买下的。柔软轻盈
的雪纺质地穿在身上不仅
舒适，还充满浪漫情调

→ 船形领口连衣裙 →

这件船形领口的连衣裙可
以在腰部系一条皮带或
搭配牛仔裤一起穿，通
过添加其他元素来增加穿
着的乐趣

→ 衬衫连衣裙 →

可以作为一件连衣裙穿，
也可解开上面的扣子露出
内衣，还可以像风衣一样
披在外面。衬衫式的连衣
裙可以说是万能连衣裙，
方便到很想多买一件不同
颜色的这类裙子

→ 蕾丝连衣裙 →

胸口和袖口有蕾丝的连衣
裙可爱至极，是在自己担
任形象总监的品牌店里购
买的，日常外出时经常穿

→ 牛仔连衣裙 →

简约设计的牛仔连衣裙，
可衬托出肩膀优美的线
条。是在First-Fasion店
打折时购买的

→ 斜纹花呢连衣裙 →

让人心动的花呢布料的喇
叭裙，是一位朋友设计的
作品，在展示会上对它一
见倾心，立刻就买了下来

30天搭配术
只要有8件裙子即可实现！30天连衣裙百搭术

介绍只用8件连衣裙打造从经典风格到最新潮风格的30天搭配技巧，
要点解说和小配饰的搭配也敬请参考！

01
· MON ·

星期一

昨天看美剧看到好晚，困死
了！海外连续剧或者电影中总
有值得参考的装扮或色彩搭配
亮点，为了增加自己的知识我
一般都要看。今天正要把为周
三的杂志摄影借来的资料送到
编辑部去。

鞋子和帽子都是为了搭配连衣裙，
在颜色上寻求统一。瘦身的衬衫式
连衣裙配上稍有厚重感的包包和靴
子，休闲打扮即刻完成

Point

周一早晨最容易睡懒觉，穿
上一件衬衫式连衣裙出门最
方便不过了。发型也自然下
垂，再戴上一顶帽子，只需
10秒钟搭配就OK了！

02

· TUE ·

星期二

下一季的商品目录出来了！从模特筛选到现场拍摄，第一次以监管的身份工作，自己追求的细节都在里面得以体现，非常期待目录完成后的样子。现在就去设计公司看个究竟！

造型简洁的连衣裙，配上一条长长的大围脖来进行点缀，增加了女性的华美气质

03

· WED ·

星期三

Point

楚楚可怜的小碎花连衣裙是提升女人味儿的魔法道具。盘个松松的发髻能突出女性悠悠漫步的轻盈姿态

手上有一件印花连衣裙会很方便。如果裙子的颜色亮丽，只需在腰间系一条皮带就会显得精致有神

今天整整一天都要在杂志广告的拍摄现场工作。当今最受女性欢迎的女演员是这次的摄影模特，已经为她准备了她最爱的甜点，方方面面都准备到位了！在工作室的长时间摄影要穿平底鞋，走来走去都会很轻松！

Point

看似个性极强的红色连衣裙，其实无论想穿出少女的感觉还是干练OL的感觉都很合适。只要搭配得体，是拓宽时尚打扮的一件必备品

04
THU

星期四

今天比平常都早下班，和几位也从事形象总监工作的朋友一起去喝酒。大家好久不见了，每次见面会聊聊同行的烦恼，一群女孩子叽叽喳喳聊个没完，都是我心仪的好朋友。已经在中目黑预定了一家温馨的小酒馆。

要想把一件有强烈视觉冲击力的连衣裙穿得合体，一定要用减法，比如搭配一件简约风格的西装上衣

Point

即使连衣裙色彩亮丽，加上一件西装上衣就会立刻变得较为正式。因为约会的都是女孩，配一个草编包包可以稍显随意和休闲

05
FRI

星期五

一件束腰连衣裙可以穿出民族风格，是搭配范围较广的裙子。有时候会出人意料地成为百搭款，所以一定要备上一件

Point

可以和短裤搭配，也可以和打底裤搭配，无论配哪个都很可爱，所以一件宽松连衣裙的搭配能力可不轻视！加上一件马甲又有点儿吉普赛风格

今天一天都在公司里应对媒体。服装搭配师不断来约见，杂志社的电话也响个不停，真是忙死了！午饭常常只用一刻钟的时间狼吞虎咽地解决掉，这都成家常便饭了，真不是值得夸耀的特技啊。

06
· SAT ·

星期六

A字裙与个性小配饰是最搭配的。小牛犊皮包、豹纹帽子都是能突出外形的便利小配饰

咖啡馆的室外平台座位真漂亮！午餐好好吃！今天要去一家少有人知的小美术馆，因为不想告诉任何人，通常都是自己一个人去。今天是专门留给自己悠闲度过的个人的时间，要从一幅幅自由创作的画作中获得新的灵感。

Point

设计简单的连衣裙必须要有一件，在轮流搭配时非常实用。经典的黑色或是明亮的米色都是可选的颜色方案

07
· SUN ·

星期日

虽然一般是十几岁的小女孩儿爱穿抹胸式牛仔连衣裙，但只要加上一件西装上衣就立刻与成熟女性的风格贴合了

和比自己大两岁的男朋友去逛街。两人工作都很忙，交往三年了，每天互相问候的电话也少了……今天要逛个痛快！到了换季的时刻了，想要逛的服装店真不少！

Point

展现肩线的连衣裙，虽然肩膀外露却穿出健康风格才是时尚达人。加上一件西装上衣，去办公室上班也没问题

08
· MON ·

星期一

很快就是S/S发布会了！时尚行业总要走在季节前面，一年总是感觉过得那么快。新装样品不断送过来，心情已经到了明年春季。今天要加班，穿件舒适的长裙来上班吧。

09
· TUE ·

星期二

满是可爱细节的长款连衣裙，配上露出脚趾的凉鞋和小小的草编包，更添甜美与性感

Point

长摆连衣裙穿着舒适又显得可爱，早晨时间紧张的时候方便极了。蕾丝质地的长裙成就了成熟女性的少女风

要想穿着缎子或丝绸等高档质地的连衣裙去上班，必须仔细选择裙子的形状。一件得体的上班服装，也必须是时尚新潮的

今天要与化妆品企业谈合作。和客户开会嘛，鞋子和发带都用黑色来突出知性感。会上的发表也多亏事先练习顺利取得了成功，是不是很像一位成功的形象总监？

Point

要选择让自己的脚看上去很漂亮的那种黑色高跟鞋，一定要花时间仔细挑选；羽毛发带是用来增加新潮感的

63

10
· WED ·

星期三

与同事共进午餐。公司附近有一家有名的
意大利餐厅，披萨饼好吃极了。享受一顿
美味的午餐也能提高开会效率，绝对能提
高！即使是为了吃午餐而外出，也要拿一件
迷你手包，带上明星帽，不忘时尚范儿！

明星帽可以让任何人都显脸
小，很有魔力，让极其普通的
连衣裙的魅力大大提升

Point

牛仔迷你连衣裙配上过膝长
靴可以遮盖大腿，让全身紧
致有型。山羊皮的手包为整
体搭配加入一点热辣的点缀

11
· THU ·

星期四

Point

A字连衣裙是我最钟爱的一
件，它可以让任何人都打扮
出少女风格。红色鞋子增加
了淑女范儿，提高了时尚感

今天是挑选拍摄商品目录的模特的日子，
很期待今天能找到符合本季主题的漂亮模
特。今天一天也会很漫长，所以穿了一双
平底鞋，选了一件纯棉质地的舒适连衣裙
让自己打起精神。

能把红色的鞋子穿着得体是成
为淑女的第一步。在特别的日
子里，配上裁剪舒适的连衣
裙，熟练而自然地完成装扮

12

· FRI ·

星期五

透亮而有韵味的雪纺印花连衣裙，配上一条脚链，轻轻散发出女性的香味

昨天参加了模特选拔会，接下来就是关于下季商品目录的碰头会。定什么主题？在哪儿拍摄？为了把心里的想法和构思都形成书面的资料，一直忙到深夜。

Point

轻柔质地的雪纺裙有着宽松的外形，最好不要与其他衣服搭配，那会显得不够随意和舒适，规则是只穿这一件

昨天一直加班到深夜，今天为了让自己彻底轻松一下开车来到了海边。休息日里在海边悠悠闲坐，吹着自然的海风，心情真是好极了！穿一件印花连衣裙，提上竹篮，装扮得清爽又凉快！

13
·SAT·

星期六

Point

要想穿衣不要过于休闲，可以用带跟的鞋或凉鞋减少一点随意性，还要突出女性的妩媚才能提高时尚格调！

趋于甜美外观的连衣裙，搭配与海边沙滩同色系的米色小配饰，就能避免太像小女孩儿的印象

14
· SUN ·

星期日

还在思考周五留下的工作，如何确定下一季的时装主题。为了找到让自己心动的感觉，今天来到了喜欢的书店。因为总是在这里消磨太长的时间，开足了空调的店里少不了一件披在身上的外衣。

柔软的仿皮质地的皮包与靴子搭上粉色连衣裙更显优雅，体现松垮的吉普赛人休闲风格

Point

设计精致的长连衣裙与短靴相配就能展现出一派休闲风格。小型流苏包包可以作为装饰搭在一起

15
· MON ·
星期一

今天是高中好友的生日！都毕业十年了还能庆祝对方的生日真让人高兴。礼物已经准备好了，日常穿着的连衣裙，用靴子和耳环稍作装饰即可。

Point
突出腿部曲线的最好穿法是短靴搭配膝盖以上5厘米长度的连衣裙，有这么一双靴子总会派上用场

16
· TUE ·
星期二

Point
轮换穿着的王牌产品——衬衫连衣裙，搭配上一条牛仔裤，就成为有点儿男孩子气的随意装扮。腰部加上一条皮带会让整体装束有张有弛

造型漂亮的短靴显得脚线细长而美丽，是每个女孩子都想要的那双水晶鞋

格子图案的连衣裙，加上紧身未加工的牛仔裤，打造出漂亮的L.A.式休闲装扮

展览会的准备工作交给可靠的后辈，到销售我们时装的外地小店出差两天。去调查外地消费者都喜欢哪些服饰也是一项重要的工作。因为要走不少路，所以是牛仔裤+莫卡辛鞋（印第安的可折叠软鹿皮鞋）。

17

WED

星期三

出差第二天。昨天和外地小店的工
作人员一起品尝了当地美食，过得美
滋滋的。今天换了一件连衣裙，与
昨天的风格稍作区别。因为要直接
回公司上班，买完土特产就早早出
发了。

Point

还是昨天的牛仔裤，但换了
一件宽松连衣裙，整体形象
大变，加上一顶帽子就成为
淑女出门装

宽松连衣裙与昨天的牛仔裤相
搭，摇身一变成为海外名人风
格。牛仔裤可以换成短裤，会
显得更加健康、可爱

18

· THU ·

星期四

在基础的淑女装上加上个性和印象强烈的小配饰，让简约风格的连衣裙变得更加正式、更有女人味

Point

统一连衣裙以外的小配饰的颜色是最简单却看上去最时尚的打扮方式。高档的小配饰可以反映出着装者的高品位

今天展览会开展。非常感谢后辈准备周全，形象总监的办公室被装饰一新，摇身变成时装会场。今天戴着新出的小配饰，一整天都在接待客人。将平日穿着行动方便的休闲连衣裙装点一下，今天一定也能顺利度过！

一个下着雨的郁闷的星期五。撑开一把红地白点的伞，让自己精神焕发。讨厌下雨的人就应该买一把让自己喜欢上下雨天的伞。要不要早些回家做一碗炖菜呢？为了防止感冒，一件外套也是必要的。

19
• FRI •

星期五

Point

有点豪华奢侈感的连衣裙，一定要加上一件裁剪得体的上衣，才能穿得正式。这样的打扮不会显得过于扎眼，更有品位，符合成熟女性的装扮规则

主角是一件个性极强的连衣裙，搭配造型优美的短靴以及西服上衣会显得十分潇洒。这两件服饰都能中和过分甜美的感觉，让整体装束趋向"点儿酷"的高品位

星期六

今天是新入职的助理们培训的日子。我刚进公司的时候是不是也那么单纯呢？一边看着她们有点儿感慨，一边认真讲解工作内容。一件合身的西装上衣可以改变一个人的工作风格，是提升职业女性时尚感的必备服装。

Point

颜色鲜艳的彩色连衣裙，一定要搭配一双裸色的鞋子，才能显出女性的成熟。一件合体贴身的西服上衣是才女的必备服装

个性设计的中性靴子用来中和甜美的连衣裙，合脚的感觉让自己的心情也变得积极向上

前往代官山逛一家刚开业就引起众多议论的精品时装店。这件用巴黎的古典礼服修改的衬衫连衣裙曾让我出神了好半天，当时犹豫了很久要不要买，但同时看到一条进口的紧身裤时就当机立断大大消费了一把。

21
· SUN ·

星期日

让连衣裙装束看上去时尚有型的最简单搭配就是一双长靴。它让你的双腿纤长美丽，还能营造出少女般的轻快氛围

Point

全身的搭配一定要在三种颜色以内，这是时尚达人不可动摇的规则！统一好小配饰的色调就能提高装束的品位

22
· MON ·

星期一

今天要与制作商品目录和杂志摄影时认识的模特一起吃饭。一边聊着下次想到哪里去拍摄，一边热热闹闹地玩了一个晚上。种类繁多的有机蔬菜茶餐厅是女孩子们约会必去的餐馆。

与牛仔短裤搭配的连衣裙变身成一件长衬衫，米色、棕色、黑色三大基础色的皮革小配饰，统一了全身的装束

23
· TUE ·

星期二

Point

衬衫式连衣裙是在天凉的日子里可以当作一件外披的衣服来穿的代表性服饰。像海外明星一样，尽量打扮得有个性

夏日度假感觉的抹胸连衣裙，无论多大岁数的女性都应该穿出范儿来，这是女性永远的时装

今天是公休日。和男朋友的约会是在公园慢慢散步。什么都不想，为什么一天还过得那么快呢？时间是多么地不可思议啊！这样的日子，穿上一双方便行走的凉鞋，再配上竹篮和草帽，让全身的装束都显得那么自然。

Point

好像放暑假的少女一样，特意选择草帽和平底的凉鞋。小麦色的皮肤配上一条小粒的钻石脚链，不经意的小配饰却让这身装束看上去那么明亮

24
· WED ·
星期三

难以搞定的宽松连衣裙只要搭配上别致沉稳的小配饰，也可以变成上班服装。脚上穿双露出脚趾的短靴可以增加一点随意感

今天和设计师一起去寻找商品目录摄影时要用到的小配饰，去的那家服装出租店有不少漂亮的欧洲古董杂货，就像是一个装满宝石的魔法箱。店里那张酒红色的天鹅绒面沙发，让我一见钟情！

25
· THU ·
星期四

Point

深沉的枣红色小配饰，可以增添复古感，提着着装档次。将皮革或仿皮的不同质地的小配饰进行混搭，可以令人乐在其中

Point

衬衫连衣裙用皮带束紧腰间，以此调节裙摆到自己喜欢的长度。配上高跟鞋可以显得较为正式，配上短靴则可以显得较为休闲

要打扮出休闲的感觉可以与打底裤搭配，如果连衣裙是纯棉质地，就达到了时尚的黄金概率

今天在叶山的木屋工作室进行商品目录的拍摄。自然光射入到工作室里，工作人员总是准备好现榨的新鲜果汁招待我们，真让人高兴！宽大柔软的衬衫连衣裙下穿条打底裤，就这么简简单单。

26

·SAT·

星期六

好像意大利贵妇般，用一条轻轻缠绕
颈间的围巾做点缀，一下子就让自己
变身为浪漫的成熟女性

红色的小配饰可以让平凡的一天变成
特殊的一天，对我来说它们是让时尚
变得更快乐的守护神。这些小饰品都
是我一件件精心挑选收集起来的，有
了什么高兴事情的时候就会挑选一件
加入到当天的装束中。

Point

只要有一件简约风格的连衣
裙，搭配上亮眼的小配饰，
可以非常容易装扮出具有传
统美感的装束。红色的小配
饰可以营造出高贵的气质

27
·SUN·

星期日

周末与住在附近的同事一起吃午饭。因为是休息日嘛，穿一双平底靴来搭配休闲风格的连衣裙。吃完午餐去按摩吗？或者去喝茶？今天是需要好好犒劳自己的一天。

Point

宽松连衣裙加上仿皮小配饰以及流苏包包，都是能增加时尚感的绝好搭配。好好体会一下热辣口味的少女感

让肩膀放松的吉普赛风格，可以在脚上也添加一些与之相呼应的风格。带铆钉的小物件可以让全身装束更加收紧

攒足了带薪休假去上插花课。因为明年闺蜜要结婚了，我正在偷偷练习做花篮。在闺蜜人生最幸福的日子里一定要送一件特别的礼物！在这种女孩子的休息日里穿一件喜欢的长裙，让自己打扮得清秀端庄。

28
·MON·

星期一

淑女风格的连衣裙加上露出脚趾的鞋子更显品位。黑色热辣口味的小马甲起到对甜美裙子的中和作用，真是完美极了

Point

经常穿用的长裙只要加上一件西装上衣或马甲，便能呈现出另一种感觉。可以多尝试用鞋子、包包来拓展穿着的风格

29
· TUE ·

星期二

与采购部门的老板一起去供货方谈生意。从生意角度好好宣传了一番我们的品牌。今天特意装扮得很有女人味，让我的守护神——红色连衣裙和经典的高跟鞋陪伴我。从外貌进入角色也是很重要的。

Point

能让连衣裙更上档次的淑女高跟鞋，穿在脚上就能立刻变身美人，让周围人心动不已。美人鞋，这是非常重要的！各位都备有一双吗？

30
· WED ·

星期三

A字形连衣裙具有向下流动的美丽裙摆，可以与造型漂亮的高跟鞋搭配，很有修身效果哦

轻柔质地的衬衫连衣裙是可以四季都穿的代表性服饰。不管是只穿一件，还是披在外面，都能拓宽着装的风格

从一大早骑车去寻找样品，既可以锻炼身体，又能节省时间，真是一石二鸟。如果在胡同里遇到小面包店，还能买一杯浓咖啡，想想就觉得开心。这样的日子里选择的是行动方便的连衣裙。

Point

最后一种搭配是使用频率最高的衬衫连衣裙。这身打扮主要表现健康的女性特点。长过短裤的披衫刚好与短小紧致的打扮形成和谐

DIET DIARY 减肥日记 vol.3

~能达到美容院的效果？加入小组，获得能量！~

肌肉隆隆的男人们，肤色黝黑的健美教练，还有不少纤细的女孩们，真不知道她们那么瘦哪里来的力气举哑铃、仰卧起坐、做俯卧撑。我真的不喜欢做肌肉训练，因为听人说如果和大家一起做的话就没那么痛苦，所以参加了一个叫作"小组能量"的课程，整整一个小时都在做重量训练。刚开始的时候总在想："这些人是在参加大学俱乐部活动吗？这究竟是什么团体啊？"接着摇摇晃晃地凑合结束了课程。淋浴的时候手一直像小鹿似的抖个不停。不过，第二天让我大吃一惊，全身竟然变得非常紧致！

看看自己的脸，比起去美容院接受瘦脸美容，变得还要小还要尖。之后坚持了1个月、2个月……渐渐地，那种痛苦的感觉也变成了运动后的快乐。"小组能量"的负责人，全身隆起的肌肉看上去有点吓人的薮下教练（其实是个很和蔼单纯的人）说："今天锻炼肌肉，明天跑步，这样让无氧运动和有氧运动相结合，就能形成各方面比较均衡的体质。女性都比较偏重于做有氧运动，但最好两者都做，然后吃好三顿饭，这才是最理想的做法。即使没有加入健身俱乐部的人，每天在家里哪怕花半个小时做一下伸展运动或锻炼一下肌肉，仅仅做到这一点身体也能有较大的变化。"

正如他说的那样，3个月坚持去健身房后，体重虽然有所减轻，体形却没有发生太大变化，而且连衣裙的拉链还差5厘米拉不上。"那这样吧，你在家里试着做3个运动，就当我骗你，你先试试，真的可以让身体变得更紧致，是真的。"

我半信半疑地听着，这位薮下教练总是充满激情地宣传他的"小组能量"，我现在的体形，连衣裙的拉链就是拉不上啊，真的能瘦下来吗？

MR. YABUSHITA

我的身体尺寸	
2012 / 2 / 15	
身高	158.5cm
体重	48.9Kg
脂肪率	26.6%

薮下教练的教诲
~什么是成熟女性的减肥方式~

- 只要每天坚持锻炼，40岁、50岁的人也能保持漂亮体形
- 每个月减重的目标应该是1~2公斤
- 主食吃米饭，肉可吃鸡胸肉、炖煮的肉、烤鱼等，运动后可喝啤酒
- 过了25岁以后要开始注意自己的健康，过了30岁要认真对待自己的身体

chapter#04

ITEM FOR ONE-PIECE

连衣裙的小·配饰

～借鉴电影或书籍～

电影和书籍就如同圣经！
服饰搭配的9堂讲座

美洲豹纹图案（Leopard）

要"可爱"也要"优雅"

豹纹图案具有自由操纵女性魅力的力量。从十几岁二十几岁的"可爱女孩儿"到三十几岁的"成熟优雅女性"，豹纹能将任何一个年龄层的魅力都衬托出来，这就是豹纹图案具有的个性化力量。它就像是一个捕捉女性魅力的精灵，需要表现女性魅力时只要添加一点豹纹图案，就能成为锦上添花的点缀，建议大家一定要学会利用这个特点。但需要注意的是，虽然豹纹给人的印象很有冲击力，搭配起来却不容易。搭配豹纹图案时不要忘记在穿衣镜前多试几次，仔细比较，直到满意为止。

电影《时尚女魔头》中，由梅莉·史翠普扮演的时尚杂志《Runway》的总编米兰达，作为成熟女性穿着的每套时装是该电影的看点之一。她那柔中带刚的声音和全身洋溢的一派威严，只是往那里一站就显得威风凛凛！因此她的装束需要性感、高贵。当她脱下巧克力色的仿皮大衣，出现在我们面前的就是豹纹图案、又薄又透的蝴蝶结领口的丝质衬衫，搭配人大的金色圆环状耳环。如果年轻女孩穿这么一身会显得过于奢华，而这件豹纹雪纺衫无疑将成熟女性的魅力尽展无余。

而二十多岁的安妮·海瑟薇扮演的主人公安迪则是戴了一顶豹纹图案的混羊绒质地贝雷帽。她那双大大的眼睛与栗色长发，与同一色系的豹纹图案堪称绝配。轻柔的贝雷帽，与她年轻可爱的外形水乳交融，成为了一道靓丽点缀。无论是成熟的女性还是将在时装和工作中走向成熟的女性，豹纹图案都会成为你强有力的助手。

Hat 帽子
豹纹帽子与设计简单的白色、米色、黑色的连衣裙都很搭调，可以为装束增加一点热辣的口味

Bag 拎包
第一次使用豹纹的人不妨试试这款带豹纹皮毛边的包包，很有现代时尚感

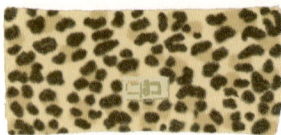

Leopard item
豹纹小配饰

Sandal 凉鞋
要是选择豹纹凉鞋，超级建议选择一双设计精美的。无论是搭配纯棉的、丝绸的、亚麻的连衣裙都可以

Pumps 单鞋
在需要脚上有所装饰的连衣裙装扮中非常有用。女人味十足的形状加上豹纹图案的高贵，个性十足，立刻让你足下生辉

Clach Bag 手包
很像一件皮毛首饰，这种图案的手包无论潮流如何变化都能使用，是百搭品

手包（Cluch Bag）

走向超凡脱俗的护照

Cluch Bag
手包

" 能提高装扮品位的手包，是让女性变得脱俗、变得成熟的一本护照。"

Border Cluch Bag
横条图案的手包
休闲风格与横条图案的手包不仅与连衣裙很搭调，与牛仔裤也很搭配，日常外出都能用到

Ribbon Cluch Bag
蝴蝶结手包
与右上方的蝴蝶结手包不同，这款包的感觉不会过于甜美。柠檬黄作为装束中的点缀色酿造出一丝锐利感

Bijou Cluch Bag
宝石镶嵌的手包
在为特别的日子精心打扮时很需要这么一款包。搭配裁剪合身的连衣裙，能为美丽加分

Ribbon Cluch Bag
蝴蝶结手包
甜美的粉色蝴蝶结手包是搭配的王道，能使香槟色与黑色的连衣裙变得像小礼服一样有档次

Pattern Cluch Bag
格子手包
印度马德拉斯条纹细布加上木制的手柄，是一款很有夏季感觉的手包，用在春夏季节更能提升时尚档次

我曾经听人说过："在美甲店看到用自己喜欢的颜色涂好的指甲，女性荷尔蒙分泌会变得很活跃。"指甲在人不经意的时候进入眼帘的情况较多，如果没有认真处理指甲，先不管有没有人看，自己就打不起精神来。我莫名其妙地觉得这种说法可以理解。其实手包也和指甲有同样的作用，它的大小虽然只比手掌大一点，也装不了太多东西，但只要拿着喜欢的手包，不觉就会心动。无论哪位女性，手上有了这么一只喜欢的包包，就能感觉自己的心情特"淑女"。就是这么

一个手包，就能衬托得连衣裙更加美丽，是连衣裙重要的配饰。

电影《黑天鹅》中，娜塔莉·波特曼饰演的妮娜在派对上的装束，非常符合新天鹅湖女主角的标准，她穿着一件白色的长连衣裙。手上拿的是镶满银色亮片的手包。亮片的金属光辉，对长裙的空气感与透明感起到了很好的收紧作用。要想装扮出成熟女性超凡脱俗的风格，手包就是一本很好的护照，通过巧妙的选择和点缀能让衣裳的主人蓬荜生辉，记住一定要准备一个。

草帽（Straw）

为你增添新鲜感

大名鼎鼎的香奈儿曾经脱掉了束缚身体的紧身衣以及装饰华丽的丝绸礼服，而选择穿上中性风格的丝绒连衣裙。时装就是表现穿衣人的一种标志。在电影《时尚先锋香奈儿》中，扮演香奈儿的奥黛丽·塔图戴了一顶系有黑色蝴蝶结的简洁草帽。呈现黑巧克力般的哑光色调的草编包，简洁中性的造型，体现了香奈儿的高超的审美力和坚不可摧的个性。草编包也好，草帽也好，这些草编质地的小配饰，都有一种技巧，就是能为

甜美的装扮增添几分淑女气质。也可以像香奈儿那样，用它们来升华摩登感，突出作为主角的连衣裙，添加一点中性的点缀。

还有一点，草帽或草编包能让旅行变得更浪漫，脱离平凡枯燥的日常生活。电影中，香奈儿与恋人巴桑一起在即将结束的夏季去度假的时候，也是由这顶帽子陪伴的。只要加上一件草编的小配饰，就能带给你夏季度假时刻即将开始的感觉。

Hat 草帽
拿在手上就听得见心跳的宽边草帽，与连衣裙搭配可以装扮出正统的淑女范儿

> "第一件草编配饰可以尝试极易搭配的草编提篮"

Ribbon Bag
带蝴蝶结的草编包
草编包除了实用价值以外，还能成为一件漂亮的室内陈设品。与休息日或度假穿的舒适连衣裙最搭

Bonbon Bag
绒球草编包
带上绒球草编包出门能让女孩子变得十分快乐，可以与可爱的连衣裙相搭配

Straw item
草编小配饰

Border Bag
条纹草编包
与法式别致的连衣裙是绝配。轻盈的质地，拿在手上就显得很时尚

闪闪发光的小配饰 （Glitter）

瞬间加入季节感和个性的方法

Glitter item
闪闪发光的小配饰

Coin Case
零钱包
金色的手环散发出女性的性
感，将你心底快乐、爱玩的
心态展示得一览无遗

Pierce 耳环
闪闪发亮的一粒坠下来，
泪珠形状的耳环。适合简
约风格的连衣裙

Straw Bag
草编包
休闲的草编包如果采用了
这么靓丽的材质，也能为
衣装增添华丽的元素

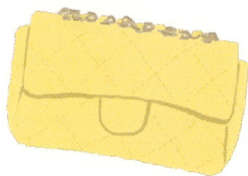

Bijou Shoes
点缀宝石的鞋子
时尚的绣珠鞋子，与连衣裙
互相辉映，具有魔力，引人
注目

Quilting Bag 针织包
这只美丽的针织包有着泛光的皮革
包边与黄金提链，给装扮增添性感
的光泽

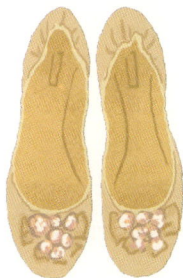

带铆钉或亮片的首饰或鞋子、夹克都能为连衣裙画出一条"季节性与个性"的清晰轮廓，是能帮助你成为时尚达人的入门级小配饰，自如地使用这类小配饰的典型例子可以从美剧《绯闻女孩》中找到。剧中女主角瑟琳娜特立独行的时装中，一定会有一件带铆钉或亮片的上衣或鞋子，她的时装中一定缺不了"闪闪发光的小配饰"，特别是金色、银色的水晶耳环，将脸庞映照得华丽动人，是提升时尚品位不可或缺的元素。如果穿了一件简洁的连衣裙，可以用项链将上半身纵向字形拉伸，人的身材会显得更漂亮。最棒的是，闪光的小配饰可以将穿衣人本身女性的一面和华美的一面突出出来。在剧中饰演瑟琳娜的演员布莱克·莱弗利，因为连续剧热播，成为本季最当红的It Girl，成为了时尚的标志。在《欲望都市》中做过造型助手的埃里克·达曼在剧中为瑟琳娜设计了造型，让人感觉女主人公的造型都十分上身，而且如此鲜艳多彩、时尚新潮！

估计有不少女性观看这部连续剧时感觉像在看一本活灵活现的时装杂志吧。

粉色（Pink）

寻找合适你的粉色

　　粉色是一瞬间就能让穿衣人变成故事主角的颜色。在电影《购物狂的自白》的片尾，主人公丽贝卡在纽约第五大道上轻快地跳着舞，当时穿的就是粉色的连衣裙。薄而坚挺的高档真丝塔夫绸制成的裙摆下面，展露出花瓣般柠檬黄的、蓝色的、樱桃粉的打褶网眼纱，脚上也是一双豪华的粉色高跟鞋。与白色肌肤、金色头发极为搭配的带点儿蓝色的浅莲红（fuchsia pink），把扮演丽贝卡的艾拉·菲舍尔包装成时尚而可爱的女孩儿。这就是色彩起到的作用，对于她来说，似乎过于凸显了她美丽的身材。

　　女性最爱的粉色，虽然可以很容易表现出女人味儿或可爱劲儿，但是粉色中哪种粉是自己喜欢的？和自己的肌肤刚好搭配的又是哪种？如果不够了解众多粉色中最适合自己的一款，那么连衣裙穿在身上不仅没有时尚感，甚至还会显得很俗气。然而，一旦遇到看似不经意，实际上却是各方面恰好适合自己的那种粉色，那么穿着打扮的范围就会豁然变得宽广起来。

粉色小配饰

Pierce 耳环
粉红碧玺的耳环是在特别的日子里让自己显得楚楚动人的一款幸运首饰

Hair Band 发带
要想装扮出可爱的外形，这款蝴蝶结发带真是合适极了，更加提升女人的魅力

> 仔细推敲与自己的性格、肌肤、发色、体形都搭配的粉色是哪一种！

Nail 指甲油
清爽高贵的淡粉色指甲油，最适合涂在穿了一件夏季白色亚麻连衣裙的脚上

lingerie 内衣
穿一套营造华美氛围的粉色内衣，让自己精神高昂后再继续打扮

Pumps 单鞋
具有视觉冲击力的粉色鞋子能让心情变得欢快，适合别致低调的连衣裙

Inside | *from* ~《处女之死》~

其他种种（Other）

有故事的小配饰

Other item

其他小配饰

Stole 披肩
围在肩上烘托脸部的披肩，
不同的质地、颜色、大小都
会带来不同的效果，最好作
为基础小配饰备有一条

Fake Collar 假领
想让简洁的连衣裙变得突出，
戴一个这样的领子，在希望打
造淑女装扮时十分方便

Belt 腰带
系在腰间提升装束档次的腰带，是
搭配连衣裙的必备之物

Corsage 胸花
装饰在胸口增添华丽感的胸花，不
同的设计可以强调不同人的个性

　　时装的主角如果是连衣裙，腰带或胸花等小配饰就会变得很重要，小配饰能突出穿衣人的个性，反应出穿衣人的内心世界。索菲亚·科波拉导演的电影《处女之死》，因为是少女电影的代表作，引起了诸多议论。克尔斯滕·邓斯特扮演的勒克斯在泡泡袖长裙的胸前别着一朵大胸花。胸花的白色花瓣娇嫩可爱，衬托了印花连衣裙的美丽。这朵胸花其实是由乔什·哈奈特扮演的她的男朋友送给她的，选择胸花时的情形和她的那些记忆以及饰物蕴含的故事，更加衬托了这件连衣裙。无论是电影中的少女还是我们这些已经长大的女人，最珍惜的配饰其实就是这种有着一定故事和回忆的装饰。

　　在好莱坞女演员中并不算大美人，但是却有着独特韵味的克尔斯滕·邓斯特，非常擅长把服装穿出自己的个性，对我们选择连衣裙装扮，有很好的指导意义。能够反映出内心审美世界的腰带或者围巾，都能让自己变得更加时尚，更擅长打扮，为我们的装束平添一丝深意。

· 享受你的连衣裙生活 ·

穿连衣裙前的时尚准备 Part 01

" 香水 "

帮助你蕴育时尚灵魂，提高受欢迎度

from ~《桃花期》~

会选择适合自己的时装的女性，除了关注体形、颜色等元素，还会发挥想象力，将其他时尚元素注入时装中。在休息日点上自己喜欢的香薰或蜡烛，用香气点燃自己的时尚欲望，为自己充电。电影《三十岁的春天》（日文直译为《桃花期》）曾经流行了一段时间，这个电影的宣传语就是"挡都挡不住的桃花运"。没错，主人公的桃花运来得很突然，本人很被动，总是对到来的机会疑惑不已。而作为成熟女性，无论是爱美之心还是桃花运，都应该每天培养，日日不忘。在喜欢的香氛中不断磨炼自己，才能在表情和装束上都呈现出自信，才能让自己永远处于挡都挡不住的桃花运中，不断散发出女性的光芒。

Pick up Item
可挑选的小物品

芳香喷雾器
早晨醒来后，在穿衣打扮前喷一下，也可用于调整心情，提神醒气

室内散香器
让房间内被优雅的香气所包围，带点甜味的香氛让人幻想穿上连衣裙的心情

香烛
微微抖动的柔和火苗，让人放松舒适。诱人的同时点燃了爱美的热情

ENJOY YOUR ONE-PIECE LIFE ·

· 享受你的连衣裙生活 ·

穿连衣裙前的时尚准备 Part 02

" 入浴时间 "

充分享受入浴时间

from ~《放学后的音符》(主旋)~

"不会享受等待恋爱来临的女人是没有资格谈恋爱的。换句话说，如果没有随时可以恋爱的自信，可不能随便就喜欢上某人，这可是成熟了的大人们的世界里的规则。"（摘自山田咏美著的《放学后的音符》，新潮社出版，第169页）。小说《放学后的音符》中，主人公是一位少女，当她父亲送给她香水的时候说了这段话。等待恋爱来临的快乐心情与等待快点儿穿上新一季连衣裙的心情，其实是很相似的。想象着要是穿上某件连衣裙出门，似乎心中就会产生将有崭新的一天来临的预感。这种等待的时间，应该是属于自己一个人的，偷偷沉浸在快乐中的时间。每天认真护肤的女人，全身洋溢着只属于她的清洁感。那些在衣柜中等待出门的连衣裙们，一定也能感受到主人的期待，与主人贴身而行。

Pick up Item

可挑选的小物品

沐浴啫喱

一款喜欢的沐浴啫喱，能让沐浴时间变得轻松愉快，今天想让自己沉浸到浪漫气氛中，明天想让自己变得清爽阳光……可以多选几款换着使用

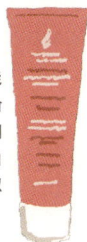

浴盐

浴盐能帮助你找回闪亮而健康的肌肤。如果选择了一款玫瑰香浴盐，能透过香氛安抚焦躁的心情，同时让肌肤变得紧致而光滑

· ENJOY YOUR ONE-PIECE LIFE ·

· 享受你的连衣裙生活 ·

穿连衣裙前的时尚准备 Part 03

"舞台背后"

用"舞台背后"来确认一下

from ~《华丽年代》~

无论是抹胸连衣裙还是在后背有着两条交叉带的吊带连衣裙，都要靠完美的后背来穿出范儿。有时候看到穿着连衣裙的女性的背影，不觉让人瞬间屏住呼吸，是因为她肩膀的曲线太有女性魅力呢？还是因为她知道背影被人盯着看而不觉传来的紧张感呢？电影《华丽年代》中，好莱坞的女演员们在舞台上一边歌唱爱情和梦想，一边快乐跳舞，夺人眼球的美丽身姿，就是她们后背的身影。就像蔬菜烹饪出来的汤，虽然味道清淡，却更能体味到蔬菜本身的鲜美一样，后背经过精心设计的贴身舞裙，与演员们的身体如此贴合，美丽无比，让人目不转睛。

即使是露出后背的设计，如果有一条笔直的脊椎和健康的肩胛骨，女人味十足的身材线条能让连衣裙看上去更加美丽。如果连衣裙本身的设计重点就是放在后背，那么穿在身上会更显身材，更性感。其实房间里的穿衣镜，就是女人的舞台背后，想象着自己就是《华丽年代》中的女演员，将要穿着奢华而时尚的衣裳，站到表演的舞台上，那么在今天这场华丽的演出之前，一定不要忘记仔细检查自己的后背身姿。

DIET DIARY 减肥日记 vol.4

~有点儿虐待狂倾向的救世主登场了!~

寒冷的季节来临了,加入了甜橙和肉桂的热葡萄酒非常好喝。我的体重虽然减轻了,但连衣裙的拉锁仍然拉不上。正在烦恼这件事的时候,救世主突然降临了。

"想打造穿连衣裙漂亮的体形啊,后背是很容易锻炼的,5厘米的话很快就能减下来",额滴神啊!你怎么这么了解我的烦恼啊!大概健身房知道我就是想穿上连衣裙,专门给我配了一个教练(其实是很偶然的)。这位中岛教练因为自己太瘦,通过肌肉锻炼和饮食改变了自己的身材(这位教练的性格有时候挺温柔,有时候很凶,稍有虐待狂倾向)。因为他实际改变了自己的身材,所以说出来的话总是那么让人感到信服。

"每周做1~2次肌肉锻炼或跑步的人在体形上没有什么变化,是因为增加肌肉的无氧运动已经变成了有氧运动。只要真的能够增加肌肉,基础代谢得到提高,脂肪被燃烧,也就是有张有弛,那就能打造出紧致的体形。我们可以一边在饮食方面做出改善,一边做些增加肌肉的运动。"

接下来,他就开始说了一大串不能吃的食物,就是我最喜欢吃的巧克力也让我改成在早餐和午餐之间吃。

我每天习惯在早餐时和水果一起吃巧克力,才能启动进入这一天的开关,巧克力是我必不可少的"小幸福"。但是因为热量高,如果在早餐时吃,会让上升的血糖值更高,很容易转换成脂肪,因此甜点不应该在就餐的时间吃,而应该放在两餐之间吃。还有增加肌肉最关键的食物,如鱼类或者肉类,因为尽量没有吃,反而成为只减体重不增肌肉的原因。于是我调整了自己的食谱,并且继续坚持运动。

MR. NAKAZIMA

我的身体尺寸	
2012 / 3 / 22	
身高	158.5cm
体重	47.2kg
脂肪率	24.7%

中岛教练的教诲
~减肥的规则~

- 有黄油的食品、天妇罗等油炸食品不能吃
- 每天至少有一顿要吃蛋白质
- 饭后不吃甜点
- 零食在早餐和中餐之间吃
- 每天要喝一升以上的水等

chapter#05

FASHION
NOTEBOOK
时尚手册

对钟爱连衣裙的护理和简单的再创新

丝绸面料连衣裙的护理

silk

洗涤方法
用中性洗涤剂手洗

这个标志表示基本上不能水洗，但事实上不少家庭用的洗涤剂都能洗

TIPS FOR WASHING
■ **洗涤小窍门**
先确认一下是否掉色。将洗涤剂倒在白毛巾上或棉签上，
涂在连衣裙的下摆内侧等不显眼的地方。过了5分钟后如果出现晕色，就说明很可能会掉色。
这种情况下最好还是去洗衣店。

HOW TO WASH 怎么洗

step 01
配制中性洗涤剂（洗涤剂的用量及配制方法请参考洗涤剂标签上的说明），在30℃左右的温水里反复轻揉。

step 02
用清水反复清洗，直到水不再混浊，拿出后夹在浴巾里吸干水分。

step 03
待水分被吸干后再晾干。在没有完全干透的情况下用蒸汽熨斗（或在衣服上盖一层布，将熨斗调到低温）熨平。

step 04
保管时一定要用衣架。长期良好的保养必须要不断认真打理。

■ **衣物保存诀窍**
丝绸面料如果沾上汗水或者有了斑点长期放置不管，很容易形成黄斑，所以一旦上过身就要清洗。直射的阳光以及荧光灯的照射容易造成变色。为了防止虫咬和长霉，长期不穿时应添加防虫剂保管。

时尚手册 #02

棉布面料连衣裙的护理

C o t t o n

洗涤方法
用中性洗涤剂手洗或选择洗
衣机的手洗模式

〔左〕这个标志表示基本上不能水洗，但事实上
不少家庭用的洗涤剂都能洗
〔右〕这个标志表示家用洗衣机可以洗

TIPS FOR WASHING

■ **洗涤小窍门**
带有衣裙、蝴蝶结、
精细刺绣等装饰部
分的衣服，容易缠
绕在一起，应该放
入洗衣网内清洗。

HOW TO WASH 怎么洗

step 01
选择洗衣机的手洗模式，
或者和丝绸衣服一样，配
制中性洗涤剂后在30℃左
右的温水里反复轻揉。

step 02
用洗衣网在洗衣机中脱水
以后，从网中取出，轻轻
抖开。

step 03
连衣裙叠成三折，用手轻
轻拍打两三下。

step 04
将连衣裙的上下、左右拉
平后，挂在衣架上晾干。

■ **衣物保存诀窍**
领口及袖口等部位比较脏的时候，先用刷子沾点儿洗涤剂拍几下，让洗涤剂与脏的部分反应一会儿再洗，会洗得比较干净。白
色连衣裙脱水的时间一定要短，控制在30秒以内！

化纤面料连衣裙的护理

Polyester

洗涤方法

用中性洗涤剂手洗或选择洗
衣机的手洗模式

〔左〕这个标志表示基本上不能水洗，但事实上
不少家庭用的洗涤剂都能洗

〔右〕这个标志表示家用洗衣机可以洗

TIPS FOR WASHING

■ **洗涤小窍门**

领口及袖口的汗液及斑点，用稀释后的
液体洗涤剂或厨房
用洗涤剂泡5分钟
左右。然后用牙刷
等小型刷子轻轻刷
几下就容易刷掉。

HOW TO WASH　怎么洗

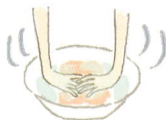

step 01
选择洗衣机的手洗模式，
或者和丝绸衣服一样，配
制中性洗涤剂后在30°C
左右的温水里反复轻揉。

step 02
用洗衣网在洗衣机中脱水
以后，从网中取出，轻轻
抖开。

step 03
连衣裙叠成三折，用手轻
轻拍打两三下。

step 04
晾干后容易发亮的面料，
可以用蒸汽熨斗离开面料
表面过一下，会变得更顺
眼一些。

■ **衣物保存诀窍**

雪纺等化纤面料，特别是较薄较轻的连衣裙，如果用力拍打或刷洗表面容易伤到面料，最好将衣服的拉锁拉上，扣子扣上，从
里面翻过来放到网眼较细的洗衣网里手洗。

(时尚手册 #04)

针织面料连衣裙的护理

Knitting

洗涤方法

选择洗衣机的手洗模式或用
干洗专用的洗涤剂手洗

手洗イ

（左）这个标志表示可以在家手洗
（右）这个标志表示家用洗衣机可以洗

TIPS FOR WASHING

■ 洗涤小窍门

毛衣等针织面料太
脏的部分，可以在
未稀释的洗涤剂
里泡5分钟左右，
刷掉脏污以后再
手洗。

HOW TO WASH 怎么洗

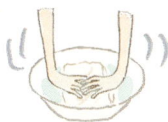

step 01

彩色衣服一定要在洗前做
一下掉色试验。然后倒入
指定量的专用洗涤剂，用
30℃左右的温水轻揉。5分
钟左右就拿出来。

step 02

用手不断挤压水分，挤掉
洗涤液，反复清洗直到水
变清。

step 03

整理好形状后晾干。如果
要挂在衣架上晾，一定要
选择较粗的衣架，以防衣
物变形。

step 04

晾干后，用蒸汽熨斗离开
衣物表面喷蒸汽，这样处
理出来的衣物蓬松，状态
较好。

■ 衣物保存诀窍

羊毛及马海毛等针织纹理较细的衣物容易缩水和起皱，最好平放在熨衣板上轻轻展开，整理好形状，再平放晾干，这样在晾干
后就不会变形或起皱。

再创新 #01

让普通的连衣裙更女性化！

在袖口接上喜欢的复古风格的蕾丝边，增加古典氛围。
将设计简洁的连衣裙变身为适合外出的装扮。

袖口

纯棉的蕾丝可以增加休闲感。化纤或尼龙等带有光泽的蕾丝花边则可以提高服装档次。可以选择自己喜欢的蕾丝花边加在袖口做装饰，把家居的服装变身为外出时较为正式的服装

ARRANGMENT 再创新

像千层酥一样在袖口多叠加几层蕾丝边，就可打造出礼服的感觉！重叠时如果长短不同还能营造奢华的氛围

在袖口内侧将蕾丝缝制在剪成三角形的部位，三角顶端加上蝴蝶结或扣子成为点缀，更显可爱

■ 创新小窍门
如果用宽边黑色蕾丝叠加在袖口可以增加成熟感，如果用细边蕾丝多重叠几层的话，又能打造出少女风格。蕾丝的不同花形和宽度能表现各种各样不同的氛围，可以多多尝试！

再创新 #02

让简单的连衣裙更可爱！

在快时尚（Fast Fashion）类型的衣服中不可或缺的吊带连衣裙，可以将
吊带部分换成自己喜欢的蕾丝或缎带，就能马上变身少女风格。

吊带

吊带部分换成自己喜欢
的蕾丝或缎带，这些女
人味极强的小细节为穿
衣人增添不少魅力。特
别是夏天可以变得很休
闲，也可以变身为少女
风格

ARRANGMENT 再创新

抹胸连衣裙也可以采用同样的方法，
用缎带制成吊带，或在胸前缝上几颗
包布扣，都会变成淑女装

裙摆

与98页袖口的蕾丝一
样，在连衣裙裙摆缝
制上蕾丝能打造出清
纯可爱的模样，还能
让连衣裙向礼服档次
靠拢

吊带在背后交叉的方式也很可爱，用
同样质地的布料做一个胸花添加上，
会更有统一感，更显甜美

■ 创新小窍门

用缎带或蕾丝的话显得可爱而孩子气，用刺绣花边则又表现出吉普赛式的休闲风格，选择不同缎带的种类能表现不同的装扮风
格。创新成功的关键是缎带与连衣裙的质地要搭配好。

再创新 #03

让过时的连衣裙再次重生！

一件稍感过时的连衣裙，但是喜欢它的图案就是舍不得扔掉……
遇到这样的情况，可以裁剪成短裙。

过于华丽

为了参加朋友婚礼购买的礼服类连衣裙，或因图案太过引人注目只穿过几次的连衣裙，都适合进行这类创新

ARRANGMENT 再创新

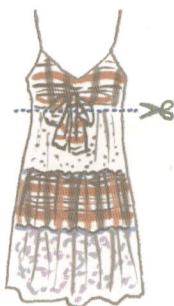

如果连衣裙是纯棉的，腰部用松紧带固定即可。绸缎或丝绸质地的话可以拆掉拉锁和衬里，只将外层的布料改成短裙

Skirt（短裙）

腰部的衣褶越多显得越可爱，衣褶越少越显别致。如果不太擅长腰部处理的话，可以参考一下手艺品店里销售的短裙纸样图

从腰部剪开时，多留几厘米卷向内侧缝好，穿上松紧带既可完成！松紧带部分也可以缝上布制的腰带

■ 创新小窍门

带衬里的连衣裙可以分别裁开面料和衬里，将衬里也利用起来。就像下半部分可以重新缝制成短裙一样，上半身也可以剪短点缝制成抹胸。

DATE: 2012/5/6

DIET DIARY 减肥日记 vol.5

~一件连衣裙让我找到全新的自己~

中岛教练提出的方案是饮食只吃八分饱，早餐吃水果或麦片，午餐要搭配得像工作套餐那样有肉有鱼，其他成分也搭配均衡，晚餐则以蔬菜为主。运动每周2次，每次30分钟，以腿部、后背、胸部等大块肌肉的锻炼为主。除此以外，每周参加1~2次"小组能量"课程。如果有精力可跑上2~3公里。我告别了早餐时的巧克力，控制喝啤酒和红葡萄酒，稍感难忍的也就是一开始的两个星期。在习惯锻炼肌肉以前，因为太辛苦非常不想做，我不是要求中岛教练给我讲笑话让我打起精神来，就是跟他发牢骚说吃晚饭后就是想吃巧克力……终于习惯了这种生活以后，暴饮暴食的习惯改掉了，身体的负担减轻了，不仅身体感到轻松，每天的生活也变得健康而舒适。

"只要身体的基础打好了，就餐保持八分饱，那就可以吃自己喜欢的东西，也能喝酒了。今后需要注意的就不再是体重，而是体内脂肪率了。"

回想以前，一直小心的都是自己的体重，先少吃饭，接下来又反弹……这种状态一直在重复。

"总是担心体重的女性很多，但是同样一公斤，脂肪与肌肉相比，肌肉的大小只有脂肪的一半左右，体积完全不一样，所以重要的不是减轻体重，而是要让膨胀的身体变得紧致。不少女性的生活就是少吃少运动，过得好像节能车似的，其实应该让身体摄取足够的能量，然后大量运动，成为像美国汽车那样油耗性价比高的汽车，才是让自己的体形变得理想的真理。"

我听着中岛教练的这些话，逐渐不再去关注体重，而是关注自己的身体积极方面的变化……终于有一天，连衣裙后背的拉链轻松地拉上去了！一提到减肥，不少人都会去关注体重，但是，成熟女性的身体打造方式，关键不在数字，而在身体的线条，通过这次健身，终于让我领悟到了这一点。健身的关键是自己希望穿上连衣裙后看上去是怎样的。仅仅是一件连衣裙，却为我打开了一个新的世界，估计今年夏天我对连衣裙的狂热程度又要上升了！

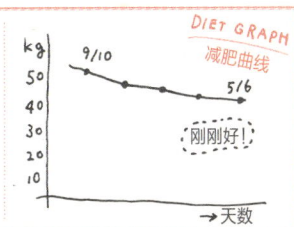

我的身体尺寸

2012/5/6

身高　　158.5cm

体重　　46.3kg

脂肪率　21.7%

DIET GRAPH 减肥曲线

刚刚好！

→天数

JUST SIZE♡

Fin.

THE ENDING
结束语

所有手上拿着这本书的朋友们，真心感谢你们一直读到最后！我在这本书里强调的是"一件连衣裙能改变现在的你，成就明天的你，甚至能改变你的未来，这是比任何其他获得能量的方式都有效的"，之所以在书中强调这一点，是因为我自己事实上就是因为一件连衣裙而改变了自己的生活。就像我在每章末尾的专栏中描述的自己的故事一样，这件连衣裙现在已经成为我最心爱的一件，不仅在穿着打扮上拓宽了自己的风格，身体和饮食的状况也得到了改善，身心都像昆虫蜕了一层皮一样，每天生活得十分充实。一件心爱的连衣裙，一定能帮助你做到这一点，一定能够帮助你实现变得更时尚、更美丽的愿望，为你打开一扇新世界的门！

与绘制了一张张漂亮插图的Ayumi Sato女士一起共同完成这本书的过程是愉悦快乐的，非常感谢！还有GRAPHICTICA设计师事务所才华横溢的蒲生和典先生、大桥麻里奈小姐，非常感谢！在专栏中帮助过我的文艺复兴健身俱乐部的薮下清人教练、稻叶忍教练以及作为我的个人教练引导我一起倾听自己身体声音的中岛谅教练，谢谢你们！最后我要感谢为完成本书，在半年以上的时间里一直用温馨的话语鼓励我的我最爱的小编染谷和美小姐！

身穿心爱的连衣裙

在樱花浪漫飞舞的春天的某个晚上……

井垣留美子

记事簿

HOW TO FIND

A SPECIAL ONE-PIECE

找到自己心爱的连衣裙的方法

让自己的连衣裙着装更加时尚,穿衣打扮的日子更加快乐,
来动手制作自己的时装书,在脑子里不断描绘穿着漂亮的连衣裙的自己,
从中找到最适合自己的、让自己心动不已的那一件。

~记事薄的使用方法~

Profile

分析自己的类型

姓名：

身高：

体形： □清瘦 □普通 □丰满 □端肩 □溜肩

肤色： □偏黄 □偏黑 □偏白

喜欢的时装杂志：

喜欢的品牌：

喜欢的颜色：

常买的衣服的颜色：

喜欢的风格：

喜欢的时尚名人：

One-Piece Guide

分析适合自己体形的连衣裙

STEP.01
不同体形适合的连衣裙

01
高个子

合体的长款连衣裙、裙摆垂坠感觉较强的裙子以及A字裙摆。

02
矮个子

裙长到膝盖或在膝盖上方的迷你裙,也可选择到小腿肚子长度的裙子。领口设计有特色,可以看到漂亮的锁骨。

03
身材清瘦

有张有弛的设计风格,不太适合质地轻柔的连衣裙,比较适合挺括易成型的材质。

04
身材丰满

领口开口较大的船形领、圆领、V字领等,强调纵向线条的设计。

Memo 随手写

不同肤色适合的连衣裙

01
春天类型

肌肤细腻而透明，
肤色是略呈淡黄的米色。

适合温馨感觉的暖色系服装，可爱、阳
光、有青春活力的服装也非常合适。

02
夏天类型

肌肤颜色白皙，
脸颊泛出淡淡的粉色。

适合淡色服装，粉色、嫩黄色以及天蓝色。
适合知性、有品位的装扮。

03
秋天类型

肌肤颜色呈小麦色、米黄色，
脸颊泛橘黄色。

适合别致沉稳的风格或是运动型风格，也
可以装扮得又酷又有型。

04
冬天类型

肌肤颜色白中略带黄色，
眼睛黑白分明。

适合各种纯色，有个性的装扮风格。

Memo 随手写

_____

_____

_____

_____

_____

check your
One - Piece

将自己的连衣裙分成不同类型贴在这里

check your
Fashion Icon

收集自己关注的时尚达人或时装贴在这里

Best One - Piece for you

收集让自己心动不已的连衣裙装扮，贴在这里

ONE-PIECE DAYS 毎日がミラクルに変わる私たちのワンピーススタイル

©2012 Rumiko Igaki, Ayumi Sato

All Rights Reserved.

First published in Japan in 2012 by KADOKAWA CORPORATION ENTERBRAIN

Simplified Chinese translation rights arranged with KADOKAWA CORPORATION ENTERBRAIN

through Tuttle-Mori Agency, Inc., Tokyo and Beijing GW Culture Communications.

版权登记号：01-2013-7869

侵权举报电话

全国"扫黄打非"工作小组办公室

010-65233456　010-65212870

http://www.shdf.gov.cn

中国青年出版社

010-59521012

Email: cyplaw@cypmedia.com

MSN: cyp_law@hotmail.com

图书在版编目（CIP）数据

恋上连衣裙：手绘365天的魅力搭配术／

（日）井垣留美子著；（日）佐藤步绘；朱波译.

— 北京：中国青年出版社，2013.12

ISBN 978-7-5153-2070-0

Ⅰ.①恋… Ⅱ.①井… ②佐… ③朱… Ⅲ.①女服－连衣裙－服饰美学 Ⅳ.①TS941.717.8

中国版本图书馆CIP数据核字（2013）第283885号

恋上连衣裙——手绘365天的魅力搭配术

[日] 井垣留美子 著　[日] 佐藤步 绘　朱波 译

出版发行　中国青年出版社

地　　址：北京市东四十二条21号

邮政编码：100708

电　　话：（010）59521188／59521189

传　　真：（010）59521111

企　　划：北京中青雄狮数码传媒科技有限公司

策划编辑：蔡苏凡

责任编辑：刘冰冰

书籍设计：唐　棣

封面制作：六面体书籍设计　孙素锦

印　　刷：北京建宏印刷有限公司

开　　本：880×1230　1/32

印　　张：3.5

版　　次：2014年2月北京第1版

印　　次：2014年2月第1次印刷

书　　号：ISBN 978-7-5153-2070-0

定　　价：32.00元

本书如有印装质量等问题，请与本社联系

电话：（010）59521188／59521189

读者来信：reader@cypmedia.com

如有其他问题请访问我们的网站：

www.cypmedia.com